La matemática en sus personajes

Colección dirigida por Antonio Pérez Sanz

Turing

Del primer ordenador a la inteligencia artificial

1ª edición: 2005
2ª edición: 2009

Imagen de cubierta: archivo NIVOLA

Apartado de Correos 113. 28760 Tres Cantos
Tel.: 902 105 185
www.nivola.com
contacto@nivola.com

ISBN: 978-84-92493-51-7
Depósito legal: M. 41.871-2009
Impreso en España

Turing

Del primer ordenador a la inteligencia artificial

Rafael Lahoz-Beltrá

24

La matemática en sus personajes

nivola
LIBROS
EDICIONES

Índice

Agradecimientos

Quiero agradecer a Alfonsa García López, catedrática de Matemática Aplicada en la E.U.I.T. Informática, Universidad Politécnica de Madrid, su amabilidad al revisar y corregir cuestiones fundamentales de teoría de la computación.

Quisiera también agradecer a María Teresa González Manteiga, profesora del departamento de Matemática Aplicada de la Facultad de Biología, Universidad Complutense de Madrid, sus útiles comentarios y sugerencias, y a los profesores Alberto Pérez de Vargas y Cristina Martínez Calvo, también pertenecientes al citado departamento, en especial el apoyo incondicional que de ellos he recibido durante estos últimos veinte años.

Prólogo

¿Quién fue Alan Turing?

Escribir sobre la vida de otra persona, investigar sobre su personalidad, su intimidad, ilusiones, temores, ambiciones, amistades, orígenes familiares y, sobre todo, su tarea científica, resulta una experiencia enriquecedora que se convierte en una aventura apasionante cuando de lo que se trata es de hacerlo sobre un personaje de la talla de Alan Turing. En esta biografía, la primera escrita en lengua española, hemos tratado reflejar fielmente las principales etapas de la vida y obra de Turing. Aun teniendo en cuenta su temprana muerte, al parecer debida a un suicidio; su homosexualidad declarada y lo complejo y hermético de su personalidad, que rayó en algunos momentos de su vida en un comportamiento histriónico; hemos preferido centrar la presente biografía en su perfil científico más que en su perfil personal y sentimental pues consideramos que tanto su vida privada como el análisis psicológico de su personalidad han sido suficientemente tratados en la obra que sobre Turing ha escrito Andrew Hodges. No obstante, en esta obra el lector encontrará algunas pinceladas sobre la vida personal y sentimental de Alan Turing, pues los científicos son *personas*, no pudiendo en muchos casos desligarse su vida profesional de su vida privada. Puesto que la vida sentimental de Turing marcó de un modo u otro su trágico final, no hemos podido abstraernos a esta realidad, que sin duda alguna influyó en su experiencia vital desde su juventud hasta su temprana muerte. Por este motivo hemos recurrido a la fórmula "Al parecer, y según su biógrafo [...]" que el lector encontrará en el texto allí donde se haga referencia a algún aspecto sentimental o psicológico del personaje.

La vida de Alan Turing ha sido escrita de acuerdo a cuatro etapas o episodios que marcaron su vida, y que se corresponden con los cuatro capítulos en los que ha sido estructurada la presente biografía. El primero cubre el periodo comprendido desde 1912 hasta 1938, etapa de su infancia y juventud, su ingreso en la Universidad de Cambridge y su estancia durante dos años en la Universidad de Princeton, Estados Unidos. Durante este periodo Turing conoce a otros insignes científicos de la época y desarrolla una de sus principales aportaciones científicas, la célebre *máquina de Turing*, uno de los elementos hoy fundamentales en teoría de la computación. En el segundo capítulo, que abarca desde 1938 hasta 1945, nos encontramos con un Turing cuya genialidad se vuelca en ayudar a los Aliados a salir victoriosos de la II Guerra Mundial. Los británicos, asediados por los célebres submarinos nazis *U–boot* se vieron en la obligación de utilizar todo su ingenio, reuniendo a los mejores científicos e ingenieros de la época, entre ellos Turing, en Bletchley Park. En este lugar secreto del Reino Unido, que se hizo célebre años más tarde, una vez concluida la II Guerra Mundial, los británicos fueron capaces de descifrar una gran cantidad de mensajes interceptados a los alemanes. Es la época de Enigma, una de las máquinas de cifrar mensajes más populares de la guerra y que tantas novelas y películas ha inspirado en estos últimos años. Pero allí tuvo lugar otro acontecimiento también crucial, el nacimiento de Colossus, máquina que según las últimas revisiones históricas ha pasado a ser considerada como el *primer ordenador* de la historia.

En el tercer capítulo, y una vez concluida la guerra, se describe el periodo comprendido entre 1946 y 1949. Durante este periodo se construye Pilot Model ACE, uno de los primeros ordenadores, que es construido según un diseño elaborado por Alan Turing. Es la época de las realizaciones y, por tanto, el periodo en el que Turing lleva a la práctica las ideas teóricas de sus años de formación y parte de la experiencia adquirida al trabajar con ingenieros y otros matemáticos en Bletchley Park. En esta etapa Turing se incorporará a la Universidad de Manchester, sitio en el que desarrollará toda su labor hasta el final de su vida. Se discute en este capítulo una de las preguntas más polémicas de la actualidad ¿quién inventó el primer ordenador? Es la época en que un pujante Estados Unidos roba el protagonismo al Reino Unido: el nacimiento del ordenador ENIAC de Eckert y Mauchly –considerado hasta hace poco como el primer ordenador de la historia–, la arquitectura de Von Neumann y su célebre *First Draft of a Report on the EDVAC*, la *controversia Atanasoff*, el nacimiento de las primeras empresas de ordenadores como UNIVAC, el proceso ascendente de IBM, y tantos otros acontecimientos en los que el lector encontrará el origen, y por tanto la explicación, del panorama tecnológico actual. En el cuarto y último capítulo asistimos al periodo comprendido entre 1950 y 1954, una de las etapas más creativas de la vida de Alan Turing, en la que exploró el tratamiento con ordenador de algunos problemas de biología y psicología. En biología realizó experimentos de *simulación* en morfogénesis e introdujo sus célebres ecuaciones de reacción–difusión con las que es posible tratar la formación de patrones, rayas y manchas, en la piel de los vertebrados. Más aún, es en estos años cuando Turing introduce el llamado *test de Turing,* asentando las bases de una disciplina de gran impacto científico y social, la *inteligencia artificial.* Pero desafortunadamente, es en 1954 cuando se suicida, surgiendo así lo que en esta biografía hemos llamado *el mito de Turing y la manzana*. Su discutida muerte fue, según algunas fuentes, una muerte *deseada* por los gobiernos británico y norteamericano. Para sus familiares y amigos cercanos se trató de un accidente fortuito ocurrido a un "científico despistado", pero tal vez se tratara de un suicidio, como es aceptado en la versión oficial que aquí recogemos. A principios de los años 1950 Alan Turing se había convertido en un personaje molesto por varios motivos. En primer lugar, es la etapa histórica en la que tiene lugar el principio de la Guerra Fría, adquiriendo los ordenadores un gran protagonismo al resultar esenciales para toda clase de cálculos relacionados con el desarrollo de la bomba atómica. Por tanto, los conocimientos de

Turing tenían entonces un gran valor estratégico, especialmente si tenemos en cuenta su categoría intelectual como científico pionero de la teoría en la que se sustentan los ordenadores. En segundo lugar, Turing participó activamente durante la II Guerra Mundial en proyectos científicos considerados como secretos militares, colaborando con los Aliados a uno y otro lado del Atlántico. En tercer y último lugar, ya fuera por motivos académicos o de turismo homosexual, Turing viajó al final de su vida varias veces al extranjero, convirtiéndose por los dos motivos anteriormente aludidos en un peligro para la seguridad de los antiguos países aliados. Ahora el enemigo a batir no era la Alemania de ideología nazi sino una nueva potencia, la hoy ya desaparecida Unión Soviética, poseedora de una nueva ideología política: el comunismo. Pero ¿qué hay de cierto sobre todo ello? Algunos detalles relativos a este tema han sido omitidos en esta biografía al tratarse en muchos casos de rumores sin documentar. Dejamos al lector que sea el que extraiga sus propias conclusiones y le animamos a que *investigue*, por ejemplo a través de internet, la explicación que se le antoje más factible. Porque, sin duda, Alan Turing fue, y sigue siendo, un personaje polémico allí donde los haya.

El lector más perspicaz encontrará en este libro una trama paralela a la biografía de Alan Turing: la polémica sobre quién fue el autor intelectual del *primer ordenador* de la historia. Debemos confesar que aunque el autor del libro tome posiciones a favor de que fue en el Reino Unido el lugar en el que se diseñó y construyó el primer ordenador, la respuesta objetiva no es fácil de encontrar pues son varias las vías que condujeron a tal invención. En primer lugar, la *máquina universal de Turing* y toda la parafernalia teórica en torno a tal abstracción; en segundo lugar la *vía clásica*, que considera la evolución natural de las máquinas de calcular desde el ábaco y las máquinas mecánicas de sumar hasta las máquinas analítica y diferencial de Charles Babbage; en tercer lugar, las máquinas de descifrar mensajes diseñadas en Bletchley Park y cuyo exponente más logrado sería Colossus; y en cuarto, y último lugar, el concepto de *arquitectura de ordenador* –hábilmente explotado por John von Neumann– y que dio a su país de adopción, Estados Unidos, el dominio en el mercado actual de ordenadores.

Sea como fuere, y de un modo similar a como ocurre con el final de la vida de Turing, dejamos al lector que sea él quien a partir de los datos aquí aportados sobre tan apasionante historia concluya lo que más le agrade. Ni la vida de Turing ni la autoría sobre el primer ordenador son cuestiones que estén cerradas, y por ello este no es un libro acabado, sino, muy al contrario, un *libro abierto* que espera de su colaboración.

Sirva este libro de homenaje a tan destacado científico y a todos los que como él han contribuido a sentar las bases tecnológicas que han hecho posible muchas de las invenciones de que hoy en día disfrutamos y que hacen nuestra vida más fácil.

Sobre hombres y máquinas...

Hubo un tiempo en el que los hombres soñaron en que algún día las máquinas serían capaces de calcular y pensar como ellos lo hacían...

Hubo un tiempo en el que hombres y máquinas emprendieron el mismo camino...

Hubo un tiempo en el que hombres y máquinas compartieron los mismos anhelos...

Hubo un tiempo en el que las máquinas soñaron que algún día serían capaces de calcular y pensar como lo hacían los hombres...

Pero hubo un tiempo en el que las máquinas soñaron en que algún día otras máquinas serían capaces de calcular y pensar como ellas lo hacían...

Hubo un tiempo en el que hombres y máquinas creyeron estar creados a imagen y semejanza de un mismo dios...

Hubo un tiempo...

Rafael Lahoz–Beltrá

Página personal: http://www.lahozbeltra.com

1 Infancia y juventud. Los fundamentos teóricos del ordenador (1912-1938)

Alan Mathison Turing nació el 23 de junio de 1912 en una clínica de una elegante zona, conocida como *Pequeña Venecia,* del barrio de Paddington de Londres. Su padre, Julius Mathison Turing, era un alto funcionario del gobierno inglés destacado en la India, donde conoció y se casó con Ethel Sara Stoney, la hija del ingeniero jefe de los ferrocarriles de Madras. Se cree que Alan fue concebido en la ciudad india de Chatrapur aunque nació en Londres.

Cuando tenía un año, su madre regresó a la India para reunirse de nuevo con su marido, dejando a Alan en Reino Unido al cuidado de unos amigos de confianza de la familia. Su padre pertenecía a una familia no adinerada pero de un nivel económico medio–alto para la época, mientras que la familia materna se cree que era de origen irlandés. Alan compartió con su hermano mayor, John, una educación rígida y alejada de la India de sus padres, que permanecerían allí hasta la jubilación del padre y su retorno definitivo al Reino Unido en 1926.

Alan Turing nació en una clínica de Londres llamada Warrington Lodge (situada en el 2 de Warrington Crescent) que fue reconvertida más adelante en el Hotel Esplanade y alojó a muchos refugiados centroeuropeos que huían del régimen nazi. Entre ellos estuvo Sigmund Freud, que se alojó allí en 1938 nada más abandonar Viena. En la imagen se le ve entrando en el hotel. En la actualidad es un hotel de lujo, el Colonnade, y su restaurante se llama, por supuesto, Enigma.

Desde su niñez, Alan Turing mostró una gran pasión y afición por la ciencia pues, por ejemplo, realizaba sencillos experimentos de química o leía un libro popular en su época titulado *Maravillas naturales que todos los niños deben conocer* (*Natural Wonders Every Child Should Know*). Sin embargo, estas aficiones no hacían presagiar el futuro científico de quien, pese a su corta vida, ha sido considerado como uno de los padres de la informática, disciplina que en el mundo anglosajón se conoce con el nombre de ciencias de la computación. Así, fue sacado a los pocos meses del primer colegio al que asistió pues no progresaba como era de esperar. Luego fue enviado al colegio Hazlehurst Preparatory School, donde fue un buen estudiante, aunque sin destacar, y donde se interesó por vez primera por el ajedrez. Parece ser que su propia madre dudaba de las capacidades de su hijo para ser admitido en una *public school* (colegio privado, en el Reino Unido el término *public* hace referencia precisamente a lo contrario, a la enseñanza privada) y tener éxito en el sistema educativo inglés. Pese a los temores maternos, ya que para ella este logro resultaba algo obsesivo, Alan aprobó con éxito en 1926 el llamado, en lengua inglesa, *Common Entrance Examination*, esto es los exámenes de ingreso en un colegio privado, siendo admitido en Sherborne School, situado en el condado de Dorset.

Alan Turing fue un hombre de complexión atlética y practicaba deporte con regularidad. Entre las anécdotas que se recuerdan de él en esta época está que durante una huelga general que hubo en el Reino Unido en 1926 recorrió 60 millas (unos 100 km) en bicicleta para ir de casa al colegio. Durante sus años de formación en Sherborne School se mostró más interesado en resolver y encontrar respuestas a las preguntas que él mismo se planteaba que a los temas tratados por sus profesores, chocando de alguna manera con el sistema de enseñanza de la época, que era poco estimulante para los alumnos más brillantes, y especialmente para una mente inquieta como la de Turing.

Ganó premios escolares en matemáticas, realizó experimentos en química al margen del programa de su profesor y llegó a leer las ideas de Einstein sobre la teoría de la relatividad y sobre mecánica cuántica en el libro *La naturaleza del mundo físico* (*The nature of the physical world*) de Eddington.

Placa que recuerda el nacimiento de Turing a la entrada del Hotel Colonnade.

En cierta ocasión el director del colegio dijo de él "...si permanece en un colegio privado es con la idea de ser educado. Si solamente va ser un científico especialista, entonces está perdiendo el tiempo [en el colegio privado]". Una vez más, y pese a esta afirmación, la madre de Alan deseaba a toda costa que su hijo fuera educado en un colegio privado, ya que ello era un distintivo de la clase social a la que la familia Turing pertenecía.

Alan Turing

En 1928 tuvo lugar un acontecimiento aparentemente irrelevante pero que sin embargo tuvo un gran efecto sobre su futura vida intelectual. En dicho año conoció y entabló una estrecha amistad con Christopher Morcom, un alumno de un curso superior al suyo, posiblemente de gran talento científico si no hubiera sido por su repentina muerte en febrero de 1930. Durante este corto periodo de tiempo Christopher y Alan entablaron una gran amistad, compartieron sus inquietudes científicas juveniles e intercambiaron ideas. Fue la primera vez en la que Alan Turing encontraba a alguien de su edad con sus propias inquietudes, lo que estimuló en él no sólo sus capacidades intelectuales, sino además y especialmente algunas cualidades personales, como la comunicación con otras personas y un carácter competitivo. El impacto en Turing de la repentina muerte de su amigo, de la que curiosamente y al parecer tuvo un cierto presagio o premonición desde el mismo momento en que cayó enfermo, fue tal que le sumergió durante un tiempo en una cierta crisis. Más aún, pensó que sobre él recaía la obligación moral de llevar a cabo durante el resto de su vida el *trabajo pendiente* que su amigo ya no podría realizar de adulto, es decir, la consecución de las ideas científicas que durante tan corto periodo juvenil Alan y Christopher habían ido fraguando en sus inquietas mentes. Al parecer durante casi tres años, según han averiguado posteriormente sus biógrafos a partir de las cartas escritas por Turing a la madre de Christopher Morcom, estuvo interesado en el tema de cómo la mente humana, por ejemplo la de su amigo fallecido, estaba incorporada en la materia, es decir encerrada en el cuerpo humano. Además, Turing se preguntaba cómo la mente se liberaba de la materia por algún mecanismo desconocido tras la muerte. Curiosamente, la lectura del libro de Eddington llevó a Alan a mostrar sus primeros signos de genialidad e inspiración al plantear una idea que muchos años más tarde el científico británico Roger Penrose y el médico estadounidense Stuart Hameroff plantearían conjuntamente: la posibilidad o conjetura de que la mecánica cuántica tuviera que ver o estuviera de algún modo relacionada con el problema clásico de la relación entre mente y materia (en el contexto actual léase *materia* como *cerebro*).

Christopher Morcom

El cerebro humano como máquina cuántica

Una de las ideas más polémicas sobre la mente humana fue formulada por el físico británico Roger Penrose en su célebre libro La nueva mente del emperador. *De acuerdo con Penrose (1989, 1994) la mente es capaz de realizar tareas no computables o no algorítmicas, esto es que nunca podrán ser realizadas por un ordenador. Por ejemplo, supóngase el siguiente enunciado:*

Busque dos números pares A, B cualesquiera tal que el resultado C de su suma A + B = C sea un número impar.

Obsérvese cómo este enunciado representa un problema no computable, ya que una persona es capaz rápidamente de concluir, tras probar mentalmente varias combinaciones de números pares (2 + 4 es 6 que es par; 8 + 6 es 14, que es par, etc.), que dicho problema carece de solución, conclusión o resultado, cosa que es imposible para un ordenador. El punto polémico de la tesis de Penrose no es la idea de que la mente sea capaz de elaborar procesos no algorítmicos o realizar tareas no computables para las que un ordenador no está preparado, sino la hipótesis o explicación por la que esta clase de tareas podrían ser desempeñadas por el cerebro humano, gracias, según él, a ciertos fenómenos de naturaleza cuántica. De hecho la idea de que la mente humana es capaz de realizar tareas no algorítmicas en aquellas circunstancias que lo requieran (por ejemplo, cuando los matemáticos hacen matemáticas*) se basa, tras un complejo razonamiento, en el* teorema de incompletitud de Gödel *(véase su explicación más adelante). En la materia a nivel atómico, las partículas atómicas, por ejemplo los electrones, son tales que su posición y velocidad son desconocidas de un modo exacto, estando* *expresadas como probabilidades. Los físicos acostumbran a decir que cuando la posición y velocidad de una partícula es conocida entonces tiene lugar lo que ellos denominan como* colapso de la función de onda. *Lo que Penrose conjetura es que cuando una persona está pensando de un modo consciente ello sería el resultado del colapso de la función de onda, fenómeno que a su vez estaría asociado a ciertos procesos no algorítmicos. Así pues, mientras que los ordenadores actuales comparten algunas de las características de las* máquinas de Turing, *como por ejemplo que sólo son capaces de resolver problemas de naturaleza algorítmica, el cerebro humano se comportaría en algunos aspectos como una* máquina cuántica. *Una persona que fuera consciente de los contenidos de sus pensamientos, desencadenaría durante el acto de pensar el colapso de la función de onda, representando dicho colapso la transición desde un estado de naturaleza probabilística –en el que el cerebro consideraría un número considerable de posibilidades, por ejemplo ante un cierto problema de naturaleza no algorítmica– hacia otro estado de naturaleza determinística en el que emergería una única idea. Según Penrose, otros fenómenos físicos como la llamada gravedad cuántica también podrían incorporar procesos no algorítmicos.*

Roger Penrose

Otra de las apuestas que circulaba por los ambientes científicos era la del médico norteamericano Stuart Hameroff. Este médico, anestesista

>>

del Hospital Universitario de la Universidad de Arizona en Tucson, mantenía desde tiempo atrás una especial fascinación por los microtúbulos, unas estructuras que forman parte de una compleja red de naturaleza proteica presente en el interior de las células, conocida como citoesqueleto celular. Los microtúbulos son polímeros de subunidades de proteína llamadas tubulina. Las subunidades de tubulina son a su vez dímeros formados por un monómero α *y otro* β*, uniéndose las subunidades de tubulina en un total de 13 protofilamentos que definen las paredes de un cilindro de 25 nm de diámetro, el microtúbulo, en donde cada subunidad de tubulina está rodeada por una vecindad compuesta por otras seis subunidades. Ciertas actividades celulares fundamentales guardan relación con los microtúbulos, hecho que llamó poderosamente la atención de Hameroff. Este investigador y sus colaboradores (Hameroff et al., 1992; Hameroff, 1994) encontraron que aplicando a las subunidades de tubulina de los microtúbulos un principio, propuesto por un investigador llamado Frohlich, conocido como* principio de excitaciones coherentes y acoplamiento cooperativo entre proteínas, *era posible generar en experimentos de simulación con ordenador la misma clase de patrones de autómatas que habitualmente se obtienen en los modelos con autómatas celulares como el popular* Juego de la vida *de Conway. Con posterioridad, Hameroff y colaboradores diseñaron con ordenador redes artificiales de microtúbulos, inter-*

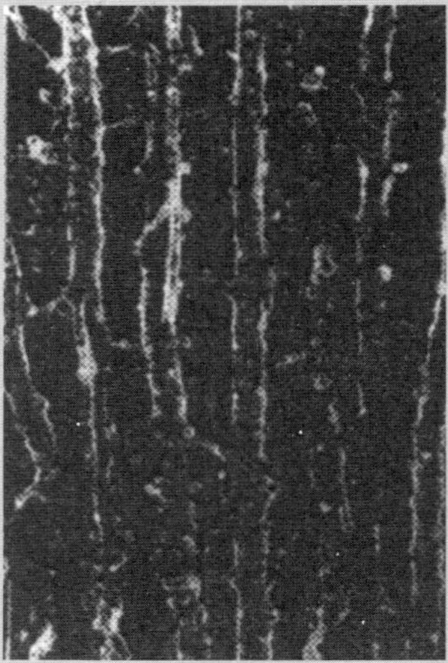

Citoesqueleto

conectados entre sí por medio de unas proteínas llamadas MAP, demostrando la posibilidad, al menos teórica, de que tales redes podrían ser empleadas en nanocomputación, esto es en el diseño de ordenadores donde el procesamiento de información tendría lugar a nivel de nanoescala.

Sin embargo, no fue hasta el encuentro entre Penrose y Hameroff cuando se plantea por vez primera, y bajo un enfoque científico, la posibilidad de que la mecánica cuántica fuera capaz de explicar satisfactoriamente algunas peculiaridades de la mente humana para cuya explicación la física clásica o newtoniana parecía no tener respuesta. De acuerdo con la llamada hipótesis de Hameroff–Penrose *los microtúbulos exhiben propiedades por las que serían unos perfectos candidatos a la hora de albergar o soportar ciertos fenómenos cuánticos, en particular aquellos a los que Penrose hace mención y que describimos anteriormente. Asimismo, un aspecto realmente candente de la cuestión es que los microtúbulos juegan un papel esencial en las neuronas, esto es en las células responsables de las funciones cerebrales. Siguiendo con el razonamiento, Hameroff y Penrose concluyen: puesto que las neuronas son las responsables de las funciones cerebrales superiores, y en particular de todo aquello que atañe al conocimiento y la consciencia, entonces los microtúbulos desempeñarán un papel esencial en dichas funciones superiores. Por consiguiente, concluiremos que el fenómeno conocido como gravedad cuántica o cualquier otro que suponga el colapso de la función de onda, a través o vía microtúbulos, debe desempeñar un papel especialmente relevante a nivel del conocimiento y consciencia humanas. Acertada o no esta hipótesis lo cierto es que resulta muy interesante al tiempo que polémica, y cabe preguntarse: de haber sido Turing coetáneo de Hameroff y Penrose ¿hubiera Turing aceptado como plausible una hipótesis como ésta?*

Alan Turing hacia 1934.

En 1931, Alan Turing es admitido como estudiante universitario de matemáticas en el King's College de la Universidad de Cambridge. La universidad era un sitio más propicio que el colegio para personas intelectualmente inquietas como Turing, y en Cambridge encontró el ambiente intelectual necesario para desarrollar sus propias ideas. Según el biógrafo de Alan Turing, Andrew Hodges, fue al año siguiente, en 1932, cuando la homosexualidad de Alan vino a formar parte de su propia personalidad.

En su faceta como futuro científico, las lecturas que realizó durante este periodo despertaron en él su interés por la lógica matemática. En 1932 leyó un trabajo de John von Neumann sobre los fundamentos lógicos de la mecánica cuántica, y al año siguiente el libro de Bertrand Russell *Introducción a la filosofía matemática* y los célebres *Principia Mathematica* de A. N. Whitehead y B. Russell, contribuyendo estas lecturas a su madurez intelectual y a prepararle como el gran científico que estaba llamado a ser. Durante aquellos años, que sin duda fueron decisivos en la formación de Turing, los acontecimientos políticos en Europa, y en particular el ascenso al poder en 1933 en Alemania de Adolf Hitler, presagiaban una nueva contienda entre naciones, la II Guerra Mundial. Alan

Turing, sensible a estos hechos, se unió al movimiento antibélico surgido durante aquellos días de incertidumbre política y social, confusión que reinaba tanto en el Reino Unido como en el resto de Europa. De hecho, unos años después Turing se vería implicado en la contienda ayudando a su país y a Estados Unidos a salir victoriosos de la guerra. Su pertenencia en 1933 al movimiento antibélico no significó, como en muchos otros de sus seguidores y simpatizantes, un posicionamiento ideológico marxista o pacifista. De hecho fue un entusiasta de las teorías económicas de Keynes, lo que le alejaba del perfil estereotipado de los pacifistas de la época. En ese año, y según su biógrafo Andrew Hodges, Turing tuvo un amigo y amante ocasional, James Atkins, un estudiante de matemáticas que más tarde se convertiría en músico. Pese a su aceptada homosexualidad, Turing evitó estos ambientes, frecuentes por otro lado en la vida académica e intelectual británica, como por ejemplo ciertos círculos literarios u otras asociaciones universitarias de la época. Por el contrario, y dada su complexión atlética,

La capilla del King's College de la Universidad de Cambridge.

parte de su tiempo libre lo dedicaba a actividades deportivas al aire libre como correr o remar. En 1934, Alan Turing se graduó en la universidad concluyendo su licenciatura en matemáticas. Al año siguiente, 1935, obtuvo una beca del King's College y en 1936 el premio Smith por su trabajo en teoría de probabilidad titulado "Sobre la función de error de Gauss" ("On the Gaussian error function"). Curiosamente en este trabajo de investigación, y sin proponérselo, redescubría uno de los teoremas centrales de la estadística, el famoso *teorema central del límite*. Tras estos éxitos, el futuro académico de Turing parecía asegurado, de hecho, los primeros pasos ya estaban dados.

La reina de las ciencias

Kurt Gödel

Sin lugar a dudas, la matemática ha sido considerada por los profanos y no profanos como la disciplina reina de todas las otras disciplinas científicas. Siglo tras siglo, numerosos científicos a lo largo de la historia desde Galileo hasta Newton habían formulado sus principios en base a elegantes ecuaciones, construyendo la humanidad poco a poco una visión mecanicista del mundo y el universo. Esta visión hizo que el ser humano se sintiera más seguro y cómodo en un Universo en el que todo lo conocido hasta la fecha estaba reglado de un modo preciso, predecible y sujeto de un modo inexorable al formalismo matemático. Este modelo tan predecible de la realidad estaba soportado por el entramado matemático y el método de trabajo de los matemáticos.

En septiembre de 1936 Alan Turing viajo hasta Estados Unidos para ocupar un puesto durante dos años en la prestigiosa Universidad de Princeton. Allí tuvo ocasión de trabajar bajo la dirección del investigador, especialista en lógica, Alonzo Church. Con Church, Turing completó su doctorado trabajando en lógica matemática y analizando la noción de *intuición* en matemáticas. Es en esta etapa de su vida cuando Turing propone que tal vez la intuición humana sea posible gracias a etapas no computables que tengan lugar durante un razonamiento, hipótesis que hoy en día podríamos considerar un antecedente de la hipótesis de *Hameroff–Penrose*. Durante este periodo introdujo el concepto de *com-*

Los matemáticos, desde la época de la geometría euclídea, procedían siempre aplicando un mismo procedimiento: a partir de un conjunto de axiomas supuestamente verdaderos deducían sus resultados, por ejemplo teoremas. La dificultad, por tanto, consistía en encontrar un conjunto de axiomas, y a continuación algún mecanismo deductivo, asumiendo la veracidad de dicho conjunto. A principios del siglo XX, un célebre matemático, David Hilbert, enumeró una lista de problemas matemáticos sin resolver, lanzando el siguiente desafío: si tales problemas eran resueltos en un tiempo razonable, la matemática seguiría siendo durante el siglo XX, y posteriores, la reina indiscutible de todas las disciplinas científicas. Hilbert propuso que la consistencia de algunas áreas de la matemática se podía probar en términos de sistemas más sencillos. Lamentablemente para Hilbert, el matemático estadounidense de origen checo, Kurt Gödel, dio al traste con sus propósitos. Ni las matemáticas, ni otras disciplinas científicas con un fuerte apoyo matemático, volverían a ser y a gozar de los privilegios que hasta entonces habían tenido.

putación oracular, esto es, una forma de *hipercomputación* basada en el diseño de una máquina abstracta, sin existencia real, llamada *oráculo*. Con esta máquina era posible resolver problemas matemáticos de extremada dificultad para otra máquina, también teórica e introducida por el propio Turing, y a la que se conoce como *máquina de Turing*. En 1938 otra figura insigne de esta época tan fructífera, el investigador norteamericano de origen húngaro John von Neumann, ofreció a Turing un puesto temporal en la Universidad de Princeton, pero Alan lo rechazó y en el verano de 1938 regresó al King's College de Cambridge. Pero ¿por qué fue Turing a Princeton?

Alonzo Church (1903-1995)

Volviendo la mirada atrás, un año antes de su viaje a Estados Unidos Turing asistió en la primavera de 1935 a un curso impartido por un topólogo, Max Newman, en Cambridge. El encuentro entre Newman y Turing cambiaría para siempre la experiencia vital de este último. Como veremos más adelante, Newman coincidiría en numerosas ocasiones con Turing: durante la II Guerra Mundial en Bletchley Park descifrando los mensajes interceptados a los alemanes, y en la Universidad de Manchester colaborando en el diseño del *software* del ordenador Baby, uno de los primeros construidos durante la posguerra.

En Cambridge, Turing tuvo ocasión de participar y vivir en directo uno de los problemas más fascinantes de las matemáticas. En efecto, Bertrand Russell sostenía que la lógica era un sólido soporte para las verdades matemáticas. Ahora bien, a principios de los años 30 Kurt Gödel había enunciado un célebre principio filosófico en el ámbito de las matemáticas a partir de lo que se conoce como *sistemas auto–referenciales*. Por ejemplo, en frases del tipo "Esta afirmación es falsa" o "Yo estoy mintiendo" tiene lugar un fenómeno llamado *bucle extraño*: si asumimos que la frase es verdadera entonces concluiremos que la frase es falsa; y a la inversa, si decidimos que es falsa, entonces concluiremos que la frase es verdadera. Gödel trasladó esta paradoja del lenguaje, conocida como *paradoja del mentiroso*, al terreno de las matemáticas, en particular al ámbito de la lógica, demostrando en 1931 el llamado *teorema de incompletitud de Gödel*. En lenguaje computacional, y en el contexto de la lógica, podemos afirmar que la intuición matemática no puede ser codificada en un algoritmo, o, lo que es lo mismo, en un conjunto de reglas computacionales, por ejemplo, y en términos actuales, en un programa de ordenador. Por consiguiente, no es posible construir un algoritmo o escribir un programa de ordenador con el que podamos averiguar o demostrar de un modo mecánico, por ejemplo con la ayuda de un ordenador, la veracidad o falsedad de alguna demostración o afirmación de índole matemático. Por ejemplo, y en lo que hoy se conoce como *razonamiento automatizado*, no hay ningún sistema de reglas computacionales o de deducción que nos permita caracterizar con un programa las propiedades de los números naturales, y por consiguiente si construimos una afirmación o proposición, no podremos demostrar o refutar su veracidad. En consecuencia, y si además tenemos en cuenta que en la mayoría de los casos no es posible conocer todos los axiomas, hay en las matemáticas *proposiciones verdaderas* acerca de los números cuya veracidad no puede ser probada por medio de la aplicación de reglas de deducción. Como es fácil de imaginar, el teorema de Gödel hizo tambalear la aparente solidez de las ideas de Bertrand Russell, y lo que es peor, del edificio formal de las matemáticas, cuestión ésta que aún hoy permanece abierta. En palabras del matemático David Hilbert se trataba de un problema de determinación, esto es, de poder establecer la consistencia o inconsistencia de un sistema formal, lo que en alemán se conoce

El origen del ordenador

Una de las explicaciones clásicas sobre el origen del ordenador es la que considera su invención como una consecuencia natural de la evolución de las calculadoras y otros artefactos similares. En este enfoque se considera un primer periodo *en el que el ábaco, supuestamente originario de Babilonia hacia el año 3.000 a.C., representaría el primer sistema de cálculo construido a tal efecto por el ser humano.*

Con posterioridad, y en el siglo XVI, durante el Renacimiento, el polifacético Leonardo da Vinci diseña una máquina de sumar, iniciándose así los primeros pasos de un segundo periodo *caracterizado por el diseño y construcción de calculadoras*

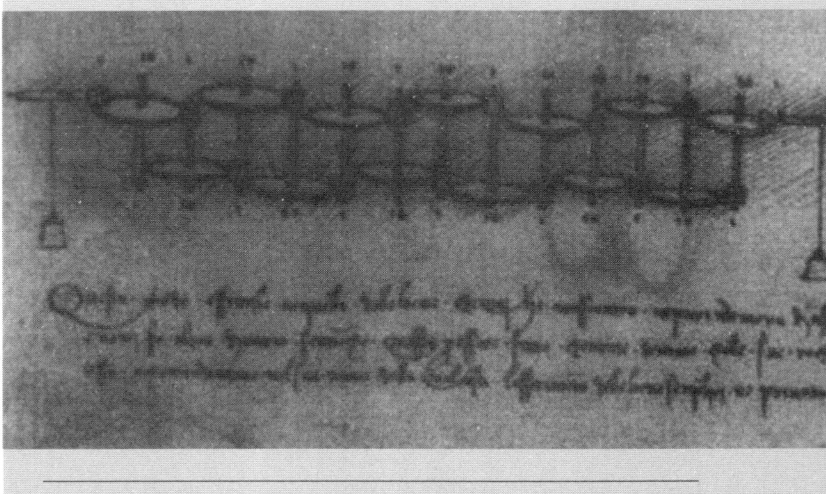

Esquema de la sumadora de Leonardo da Vinci. Reproducción del códice original (Codex Madrid I), Biblioteca Nacional, Madrid.

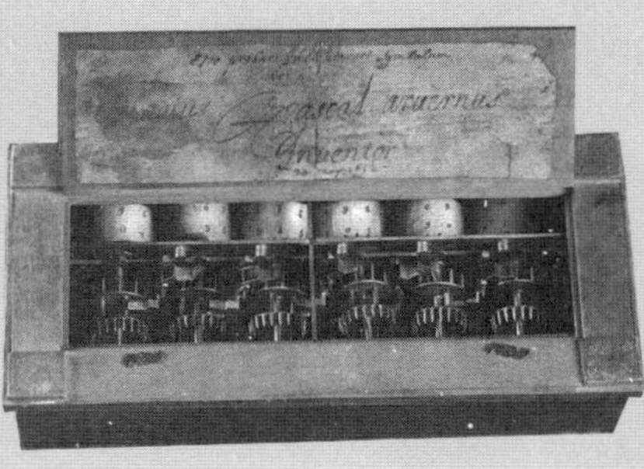

Máquina de sumar diseñada por Pascal, la célebre *pascalina*.

mecánicas. Es en este segundo periodo, en el siglo XVII, cuando el matemático francés Blaise Pascal construye la pascalina, *una máquina de calcular con engranajes y ruedas que ha sido considerada la primera sumadora mecánica. A partir de aquí surgen una serie de diseños y mejoras, como el engranaje en forma de tambor o la posibilidad de efectuar multiplicaciones, avances que se deben a Leibniz, inventor junto a Newton del cálculo. Al parecer, Leibniz también planteó la posibilidad de construir una máquina que fuese capaz de establecer la veracidad o no de una proposición, planteamiento que curiosamente es similar al que condujo a la máquina de Turing. Este periodo culmina en el siglo XIX con el británico Charles Babbage (1791–1871) quien diseñó una serie de máquinas de calcular anticipándose a algunas de las características más importantes de los actuales ordenadores.*

Charles Babbage

Las máquinas de Babbage, en particular la máquina diferencial *y la* máquina analítica, *representarían un*

>>

La máquina diferencial de Charles Babbage.

hito y, por tanto, un salto cualitativo que alejaría tales diseños de sus predecesores. La máquina diferencial, diseñada hacia 1820, podía evaluar polinomios y generar tablas matemáticas y tablas de navegación. Ahora bien, lo verdaderamente ingenioso fue su máquina analítica, superándose por vez primera el concepto de calculadora al tratarse de una máquina de propósito general, y por tanto de un ordenador. Sus características son tales que muy bien podríamos afirmar que la máquina analítica representaría por sí misma un tercer periodo de la historia de la computación. La máquina en cuestión fue concebida por Babbage en 1834, y era un ordenador programable que podía realizar operaciones aritméticas, esto es, sumar, restar, multiplicar y dividir, de un modo secuencial. Además, su arquitectura estaba formada a nivel hardware por tres elementos. En primer lugar, una memoria o store en la que almacenar los números. En segundo lugar, un molinillo o mill, esto es, una especie de microprocesador construido a base de engranajes y otros mecanismos de la época, en el que las operaciones aritméticas son efectuadas con los números almacenados en la memoria. En tercer, y último lugar, una serie de mecanismos que controlarían un programa secuencialmente, de forma que una vez seleccionados los números de la memoria estos mecanismos indicarían al molinillo las operaciones a realizar con dichos datos. En otras palabras, el paralelismo entre los elementos que componen la máquina analítica de Babbage y los de los ordenadores actuales ¿no es acaso *sorprendente? Más aún, Charles Babbage* presentó en sociedad *a su máquina analítica utilizando un vocabulario y unas ideas muy similares a las que Alan Turing utilizaría posteriormente para describir su máquina universal, guardando una estrecha similitud en las explicaciones con la tesis de Church–Turing. Entre los conceptos introducidos por Babbage destaca el que tal máquina debería ser capaz de tratar* expresiones condicionales, *esto es sentencias del tipo IF–THEN (SI–ENTONCES), la programación de la máquina a partir de* tarjetas perforadas, *y la utilización de una impresora para mostrar los resultados. La idea de Babbage de utilizar tarjetas perforadas para programar su máquina analítica fue tomada de la industria textil, y en particular del telar diseñado por Joseph–Marie Jacquard, quien a principios de 1800 utilizó tarjetas perforadas para programar en un telar el diseño de un tejido. El propio Babbage consideró que debería utilizar dos clases de tarjetas perforadas, unas para las instrucciones del programa, y por tanto para especificar a la máquina las operaciones, por ejemplo sumar, y otras para localizar a los datos u operandos en la memoria. Las tarjetas perforadas serían también utilizadas años después por Herman Hollerith para elaborar el censo de Estados Unidos del año 1890, utilizando una máquina conocida como* tabulador de tarjetas perforadas de Hollerith. *Dado el éxito alcanzado, Hollerith fundó la empresa Tabulating Machine Company que en 1924, y tras haberse fusionado con otras compañías, se convertiría en International Business Machines, popularmente conocida como IBM.*

Herman Hollerith

>>

Charles Babbage contó con un ambiente intelectual que ya anticipaba los éxitos de su país, el Reino Unido, como pionero en el diseño de ordenadores. Entre sus coetáneos se encontraba Charles Darwin, autor del mecanismo evolutivo de la selección natural, y otro personaje no menos relevante, como era una joven mujer, lady *Ada Lovelace, hija de* lord *Byron. Se trataba de una mujer muy inteligente que sugirió varias ideas a Babbage sobre* programación, *por ejemplo la ejecución de subrutinas y la posibilidad de realizar tareas repetitivas o* bucles *con tarjetas perforadas. En el siglo XX, y en homenaje al ingenio mostrado por la hija de* lord *Byron, el departamento de defensa de Estados Unidos bautizó a un lenguaje de programación diseñado para uso propio con el nombre de lenguaje ADA.*

La máquina analítica de Babbage no fue construida, ya que se hubieran requerido miles de engranajes y la máquina hubiera ocupado la superficie de un campo de fútbol. Además su puesta en marcha hubiera requerido de una locomotora. De haberse construido la máquina no hubiera funcionado, en primer lugar por sus exageradas dimensiones, en segundo por la dificultad para la época de fabricar con suficiente precisión las piezas requeridas, y en tercer lugar por la fricción o rozamiento entre sus partes. Al no construirse la máquina analítica, Babbage murió, en 1871, completamente desengañado. Curiosamente, y sin saberlo, había introducido algunos de los conceptos esenciales de la computación, que verían la luz años después con el advenimiento de las válvulas electrónicas. Lo que no fue posible realizar con engranajes sí lo sería con circuitos electrónicos, evitándose los inconvenientes antes aludidos. En 1991 el Museo de la Ciencia de Londres completó la máquina diferencial número 2 de Babbage que había sido construida por él entre 1847 y 1849.

como *Entscheidungsproblem*. Fue en este contexto cuando Hilbert propuso el desafío de encontrar un procedimiento mecánico, o en lenguaje actual un *procedimiento de computación*, con el que fuera posible decidir sobre la veracidad o no de una proposición matemática. Como no podía ser de otra manera, Alan Turing recogió el testigo de tal desafío, desarrollando lo que Turing bautizó originalmente como *máquina–a*, dispositivo al que con posterioridad se llamó, y todavía se hace, *máquina de Turing*: nada más y nada menos que la propuesta a nivel teórico del primer ordenador de la historia de la ciencia. Por consiguiente, y ésta es una observación realmente importante, el ordenador tal y como hoy se conoce no nació como resultado del desarrollo tecnológico o de la evolución natural de otras máquinas relacionadas, como es el caso de las calculadoras mecánicas consideradas a su vez como descendientes naturales del ábaco, sino como respuesta a un desafío matemático, formulado originalmente por Hilbert, y en el que participaron figuras insignes como Russell, Gödel, Church y el propio Turing. Una vez inventada la máquina de Turing, el propio Turing analizaría el *Entscheidungsproblem* a través de una situación similar pero para la que utilizaría dicha máquina, situación a la que se conoce desde entonces como *problema de parada* o *halt problem*.

La relación de Turing con Church era inevitable ya que ambos estudiaban por aquel entonces la misma clase de problemas. En agosto de 1936 Alan Turing envió para su publicación en la revista *Actas de la Sociedad matemática de Londres* (*Proceedings of the London Mathematical Society*) un artículo titulado "Sobre números computables, con una aplicación al Entscheidungsproblem" ("On computable numbers, with an application to the Entscheidungsproblem") en el que introduce su célebre máquina y define qué es y no computable, conteniendo dicho artículo ideas fundamentales no sólo para las matemáticas sino para la computación. El término computación es utilizado aquí en su acepción inglesa refiriéndonos por tanto a la disciplina (en inglés *Computer Science*) que trata los principios teóricos en los que se sustenta el tratamiento o procesamiento de la información, y en los que se basará el diseño o arquitectura de los ordenadores. Curiosamente, en ese mismo año Church publicó en la *Revista americana de matemáticas* (*American Journal of Mathematics*) un artículo titulado "Un problema irresoluble de teoría de números elemental" ("An unsolvable problem of elementary number theory") llegando tanto Turing como Church, aunque aplicando diferente metodología, a los mismos resultados. En su artículo, Turing mostraba su genialidad al utilizar una vía diferente y original, reflejo de su personalidad, considerando la clase de operaciones que una persona o una máquina podrían efectuar en el mundo físico, y, por tanto, en el mundo real. Por el contrario, el artículo de Church resultaba más clásico en sus planteamientos metodológicos, utilizando una vía que desde un punto de vista matemático resultaba tradicional. Puesto que Turing llegó un poco después que Church a la publicación de sus resultados, Turing tuvo que revisar su artículo perdiendo parte de su originalidad al tener que incluir una referencia bibliográfica del artículo de Church. Por este motivo envió una nueva versión en agosto de 1936, publicándose finalmente en 1937. También en este periodo Alan Turing pensó en la posibilidad de construir su máquina. Aunque nunca en vida se llegó a construir tal y como él imaginó, sí construyó con relés electromagnéticos una máquina con la que efectuar la multiplicación de números binarios. Las bases teóricas de lo que más tarde sería el ordenador ya estaban echadas, siendo Turing, con su magnífica contribución, uno de los principales artífices de tal efeméride.

Las bases teóricas de la computación: la máquina de Turing y sus consecuencias posteriores

En 1938 Alan Turing introduce la máquina-a o máquina de Turing, una máquina abstracta o teórica sin existencia real con la que es posible definir el concepto de *algoritmo*, concepto que será tratado más adelante y que representa uno de los conceptos fundamentales de la computación. De momento baste con considerar que un algoritmo es un procedimiento mecánico, esto es, el conjunto de pasos que conducen a una solución, ya sean cosas tan dispares como resolver una ecuación de segundo grado o la receta de un suculento plato de cocina. La idea que subyace en la máquina propuesta por Turing es muy sencilla, representando una abstracción del concepto de *computación*. Ahora bien ¿qué es una máquina de Turing? Supóngase el siguiente ejemplo al que llamaremos ejemplo del *oficinista autómata*, que sería una persona que es capaz de ejecutar de un modo diligente un cierto *procedimiento*, por ejemplo realizar un cálculo contable o cualquier otro, cambiando en una cinta de papel, dividida en celdas o cuadrículas, el símbolo impreso en una cierta celda. Si se prefiere sustitúyase la cinta por una pila o montón de papeles en el que cada papel tiene impreso, por ejemplo, un 1 o un 0. Si dicha persona, el oficinista, se comportara como un autómata, es decir como una máquina que puede encontrarse en un cierto estado, por ejemplo 12, de un conjunto finito de estados posibles, por ejemplo {1,2,...,120}, entonces el modo de ejecutar el *procedimiento* deseado sería a partir de una serie de reglas previamente establecidas. Por ejemplo, una regla podría ser la siguiente: "si el estado del oficinista autómata es 12 y el símbolo que lee en la hoja superior de la pila es 1 entonces sustituye su valor por 0, recoge del montón la siguiente hoja de papel, y cambia el estado del oficinista a 16". Aunque resulte a primera vista extraño, este ejemplo ilustra el principio básico que subyace en el mecanismo de una máquina de Turing, siendo similar aunque con algunas diferencias a la clase de procesos que tienen lugar en los ordenadores.

Seguidamente definiremos desde un punto de vista formal qué es una máquina de Turing. Supóngase una especie de caja, a la que técnicamente podríamos referirnos como *unidad de control*, compuesta por una *cabeza de lectura/escritura* y un *registro de estado* capaz de almacenar el estado, en un determinado instante de tiempo, en el que se encuentra la máquina de Turing. Asumiremos pues que la máquina se encuentra en un instante dado en un cierto estado, estado que ha sido elegido entre un conjunto finito Q de posibles estados. Consideraremos también que hay un estado especial o *estado inicial*, siendo I_0 el valor con el que el registro de la máquina es iniciado. Supóngase ahora que la máquina es capaz de leer una *cinta* dividida en celdas, conteniendo las celdas los datos. Cada celda contiene un símbolo de un alfabeto de símbolos T, también finito. Asimismo, asumiremos que dicho alfabeto contiene al símbolo especial 0, al que llamaremos *blanco*. Finalmente, consideraremos que aquellas celdas que no contengan un símbolo del alfabeto, contendrán en su lugar el símbolo 0 o símbolo en blanco. En el modelo general de máquina de Turing, la cabeza lectora junto con la caja y sus otros componentes, esto es el registro de estado, se moverá una posición hacia la derecha D o la izquierda I sobre la cinta. Dicha cabeza será capaz de leer y escribir símbolos del alfabeto T en la cinta, moviéndose a continuación hacia la derecha o izquierda. Para concluir, y que la máquina resulte operativa, el último elemento que nos resta por describir es la *tabla de acciones* Δ, a la que también se conoce con los nombres de *reglas* o *función de transición*. La función de dicha tabla es sencilla: leyendo en ella la máquina de Turing sabrá en todo momento que acción u operación efectuar. Esto es, combinando su propio estado, almacenado en el registro de estados, y el símbolo leído sobre la cinta, la tabla contendrá la regla u orden sobre cuál será el nuevo estado de la máquina, qué símbolo deberá escribir sobre la celda que ha leído en la cinta, y si la cabeza deberá desplazarse una posición hacia la derecha o la izquierda, ubicándose así la máquina sobre una nueva celda. Por consiguiente, y desde un punto de vista formal, tendremos que una máquina de Turing es definida como la terna:

$$(Q, T, \Delta)$$

siendo Δ:

$$Q \times T \rightarrow Q \times T \times \{D, I\}$$

Obsérvese que, tal y como ha sido definida, una de las características de la máquina de Turing es que se comporta como un ordenador que tuviese siempre un mismo programa, y sólo ese. Con el fin de evitar esta limitación Alan Turing introdujo una generalización de su máquina a la que se conoce habitualmente con el nombre de *máquina de Turing universal*. Así pues una máquina de Turing universal es aquella máquina de Turing que es capaz de simular a cualquier otra máquina de Turing. Por consiguiente, se trata de una máquina capaz de procesar distintos programas, lo que recuerda por su universalidad a un ordenador. Este hecho es de suma importancia en la historia de los ordenadores. De acuerdo con lo que se conoce como *tesis de Church–Turing*, la clase de problemas que puede resolver una máquina de Turing universal, y, por tanto, un ordenador, son exactamente aquellos problemas cuya solución es expresable mediante un *algoritmo*, término al que en aquella época era también costumbre referirse como *método efectivo de computación*. En 1982 Richard Feynman propuso que una máquina de Turing, y por extensión un ordenador, tendría un límite en sus aplicaciones ya que nunca podría ser aplicada en la simulación de fenómenos de naturaleza cuántica. Esto es así ya que, según Feynman, para que ello fuera posible la máquina en cuestión debería ser capaz de estar en varios estados simultáneamente, o, entre otras características, leer también simultáneamente de varias celdas de la cinta que contiene los datos. Pero el límite propuesto por Feynman para la máquina de Turing fue superado por David Deutsch, que introdujo en 1985 la idea de una *máquina de Turing cuántica*.

Una máquina de Turing cuántica, y por tanto un ordenador de su misma naturaleza, podría simular, de acuerdo con la hipótesis de Hameroff–Penrose, cómo la mente humana es capaz de realizar tareas no algorítmicas a partir de ciertos fenómenos cuánticos que también podrían ser simulados con dicho ordenador. Además de la máquina original introducida por Turing o de su versión cuántica, otros diseños o arquitecturas alternativas son posibles. Por ejemplo, sería posible construir una *máquina de Turing policefálica*, esto es, una máquina con dos o más cabezas de lectura/escritura con las que leer y escribir sobre una cinta, incrementándose así la eficiencia de la máquina con respecto a la versión original. Otra posibilidad sería construir una máquina de Turing que fuese capaz de leer datos procedentes de más de una cinta o el diseño de una *máquina de Turing no determinística*, es decir, de una máquina en la que la tabla de acciones contuviera más de una regla de transición para un cierto estado, eligiéndose o actualizándose el estado de la máquina a partir de la selección aleatoria de la regla de transición. Finalmente, otra posibilidad estudiada por Turing, en un intento de abordar el concepto de *hipercomputación,* es lo que denominó *oráculo*. En este caso se trataría de una máquina de Turing que a través de su conexión con una caja negra denominada oráculo, sería capaz de computar una función en un solo paso.

Tal y como hemos comentado anteriormente, una máquina de Turing universal, y por tanto un ordenador, únicamente puede resolver aquellos problemas cuya solución sea expresable mediante un algoritmo. En general, un algoritmo puede ser definido como el conjunto de reglas o pasos que conducen al resultado o solución de un problema. En consecuencia, y en computación, un algoritmo es sinónimo de solución, debiendo cumplir la solución ciertas propiedades. En primer lugar, que el número de pasos que conducen a la solución sea un número finito, es decir que el procedimiento o protocolo que conduce a una solución, por largo que sea, tenga siempre fin. En segundo lugar, que los pasos o reglas estén bien definidos y sin ambigüedades. En tercer lugar, y de un modo opcional, lo ideal es que un algoritmo pueda resolver problemas de una misma clase, por ejemplo ordenar palabras alfabéticamente; y en cuarto, y último lugar, también opcionalmente, que el procedimiento conste del menor número posible de pasos. Una receta de cocina es un algoritmo, por ejemplo ¿cómo se hace una tortilla francesa?

Paso 1. Colocar al fuego una sartén.

Paso 2. Echar un poco de aceite, extenderlo sobre la superficie de la sartén, calentar.

Paso 3. Romper y echar el contenido de un huevo sobre un plato sopero.

Paso 4. Batir el huevo con un tenedor hasta lograr una mezcla homogénea de la yema y la clara.

Paso 5. Echar el huevo batido sobre la sartén.

Paso 6. Rizar con un tenedor sobre sí el huevo batido en la sartén.

Paso 7. Repetir el paso 6 hasta que la tortilla este concluida.

Paso 8. Fin.

Otro ejemplo, al que todos nos hemos enfrentado en edad escolar, es el de la célebre ecuación de segundo grado $ax^2 + bx + c = 0$. En este ejemplo, el algoritmo se basa en el análisis del término discriminante, esto es $b^2 - 4ac$, siendo el algoritmo como sigue:

Paso 1. Introducir los valores de *a*, *b* y *c*.

Paso 2. Si $b^2 > 4ac$ entonces $x = \dfrac{(-b + \sqrt{b^2 - 4ac})}{2a}$

Paso 3. En caso contrario, esto es, si $b^2 \leq 4ac$:

Si $b^2 = 4ac$ entonces $x = \dfrac{-b}{2a}$

Si $b^2 < 4ac$ entonces no hay soluciones reales.

Paso 4. Fin.

Sello conmemorativo dedicado a al-Jwarizmi emitido por la Unión Soviética en 1983 para conmemorar el 1200 aniversario de su nacimiento.

Y ¿es que acaso un ordenador no es una máquina que procesa o ejecuta algoritmos? El término algoritmo procede del nombre latinizado del matemático árabe al-Jwarizmi nacido aproximadamente hacia el año 800 d.C. Aunque la versión original de su obra se perdió, conocemos su legado gracias a la traducción al latín realizada por Abelardo de Bath, *Algoritmi de numero Indorum,* donde introduce el sistema de numeración utilizado en la India y los procedimientos o algoritmos para realizar cálculos con dicho sistema. Su obsesión fue mostrar cómo se podían realizar cálculos de manera sistemática o algorítmica, lo que permitiría el diseño de algoritmos para ser ejecutados en un ábaco, la máquina de cálculo de la época. Curiosamente, aunque hoy en día los algoritmos son expresados o codificados en los ordenadores por medio de lenguajes de programación, no fue hasta el siglo XX cuando las ideas de al-Jwarizmi se hicieron realidad introduciendo Niklaus Wirth, a quien se deben los lenguajes Modula–2 y Pascal, la célebre expresión:

algoritmo + estructura de datos = programa

Una de las cuestiones más interesantes abordadas por Turing surgió al preguntarse qué ocurriría si en la tabla de acciones no existiera regla alguna para una cierta combinación entre el estado de la máquina y el símbolo leído en la cinta. La conclusión era trivial ya que la máquina se detendría, fenómeno conocido como *problema de parada* o *halt problem*. El problema de parada fue una de las características anticipadas por Turing en los futuros ordenadores. Este fenómeno es de todos conocido, por ejemplo cuando se *cuelga* un ordenador ante alguna incidencia del sistema operativo para la que no existe alguna opción predeterminada que la resuelva, debiendo reinicializarse el ordenador ¿Le suena esta situación? Una prueba más de la genialidad de Alan Turing, quien predijo el *cuelgue* de los ordenadores antes de que estos existieran. En el contexto de la algorítmica una de las preguntas planteadas por Turing, cuya respuesta no era ni es trivial, fue la siguiente ¿existe un algoritmo o procedimiento mecánico con el que sea posible establecer si otro algoritmo se detendrá si éste último recibe como entrada un cierto valor o *input*? Supóngase que llamamos **halt(c, i)** al algoritmo que es capaz de establecer si otro algoritmo codificado por una cadena **c** (entiéndase en el contexto actual un programa de ordenador) detendrá su ejecución verificándose su parada o *halt* dado un cierto valor de entrada o *input,* valor que es también codificado por otra cadena **i**. Efectivamente, si representamos a **halt(c, i)** en forma de pseudo–código, tendremos que:

```
function halt(c, i)

    if dado i, c → se detiene

        then halt(c, i)=verdadero;

    if dado i, c → no se detiene

        then halt(c, i)=falso;
```

Construyamos ahora un algoritmo llamado **enrevesado(d)**. Consideraremos ahora el caso teórico en el que **c**, es decir el programa de ordenador que estamos evaluando, recibe como entrada o *input* una cadena **i** similar al programa **c**. Esta clase de situación, obviamente paradójica, fue considerada por Turing entre otros investigadores de la época. Si escribiéramos la siguiente subrutina, e independientemente del lenguaje de programación en la que fuese escrita, su ejecución en un ordenador conduciría siempre a una contradicción, tal y como razonaremos a continuación:

```
function enrevesado(d)
    if halt(d, d)=falso
        then  return verdadero
        else  return falso
```

Llamemos **M** al programa **enrevesado** tal que ejecutamos **halt(M, M)**. Si la función **halt(M, M)** devuelve falso, es decir el algoritmo o programa **M** no se detiene al recibir como valor de entrada un algoritmo o programa similar a él, entonces la función **enrevesado(M)** anterior devolverá verdadero, deteniéndose su ejecución, lo que es *mentira*. Por el contrario, si **halt(M, M)** devuelve verdadero, ya que el programa **M** detiene su ejecución al recibir un valor similar de entrada **M**, entonces la función **enrevesado(M)** no detiene su ejecución, siendo también *mentira*. Por consiguiente, deberemos concluir que, dadas estas contradicciones, el programa **halt** no funciona como procedimiento que permita la evaluación de **M**.

En otras palabras, el *problema de parada* o *halt problem* resulta ser un problema irresoluble. No obstante, y aunque no exista ningún programa que pueda resolver satisfactoriamente el problema de parada, en un principio se pensó que tal vez resultase factible escribir un programa que devolviera únicamente respuestas a casos particulares. En tales casos, se podría abordar, y por tanto determinar, si las respuestas proporcionadas por el programa son o no correctas. Esta clase de programas recibieron el nombre de *programas PHS* (abreviatura del inglés Partial Halting Solver) o *solucionadores parciales de parada*, reconociéndose más tarde que esta situación era en el fondo tan intratable como el problema de parada. Por ejemplo, supóngase un programa que recibe como entrada o *input* un programa ***P***, devolviendo como salida u *output* un comentario en el que se informa si el programa en cuestión detiene o no su ejecución:

input ***P***

if ***P*** → halt

then print "sí, el programa se detiene (halt)"

else print "no, el programa se ejecuta indefinidamente (no halt)"

Ahora bien ¿devuelve el programa anterior al usuario *únicamente* respuestas correctas? Efectivamente, esta es una pregunta cuya respuesta es imposible de determinar. Así pues, y de acuerdo con Turing, concluiremos que no existe ningún algoritmo o procedimiento mecánico con el que sea posible determinar si una máquina de Turing se detendrá (*halt*) dado un cierto valor de entrada o *input*.

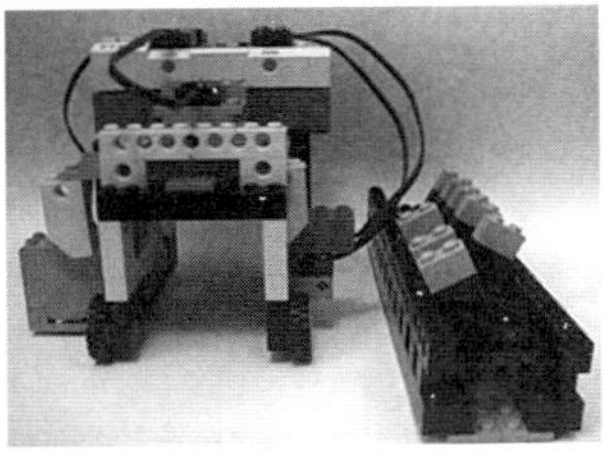

Máquina de Turing construida con LEGO.

Uno de los aspectos más curiosos de la máquina de Turing es que tal artificio jamás fue construido. Pese a la originalidad de su propuesta, y a que Turing utilizando su máquina teórica fue capaz de definir qué clase de problemas serían capaces de tratar, y cuáles no, los ordenadores, su máquina nunca llegó a construirse. Por este motivo, investigadores y aficionados a los ordenadores de todo el mundo han tratado de construir, más como una curiosidad que por fines científicos, la máquina propuesta por Turing. Uno de los ejemplos más atractivos es la versión construida por Denis Cousineau con el conocido juego de construcciones LEGO. Prueba de la dificultad de construir una máquina de Turing fiel al modelo original es que el modelo construido por Cousineau no es enteramente mecánico, utilizándose un ladrillo inteligente RCX, el *cerebro* del modelo, en el que se encuentra almacenada la tabla con los estados de transición. Otro ejemplo de máquina de Turing construida con LEGO es el modelo realizado por el japonés Joe Nagata. Pero si la construcción física de una máquina de Turing no resulta sencilla, no prodigándose los intentos, no ocurre así con su simulación a nivel *software*, en donde abundan los ejemplos. Uno de los proyectos más interesantes es el conocido bajo el nombre de *Turing and Post Machines: C++ Simulators*. Se trata de una colección de programas en lenguaje C++ con los que es posible simular distintas clases de máquina, ya sea determinística, no determinística, universal, e incluso una máquina de Turing con fallos, o con varias cintas, entre otras posibilidades. Otro proyecto, esta vez para ordenadores con sistema operativo Windows es *CS530 Turing Machine Simulator*. Para usuarios de dicho sistema operativo, uno de los programas más atractivos y completos, tal vez y con diferencia el mejor de todos, sea *Visual Turing*, con el que es posible diseñar y experimentar con distintas clases de máquina de Turing utilizando instrucciones gráficas, entre otros elementos.

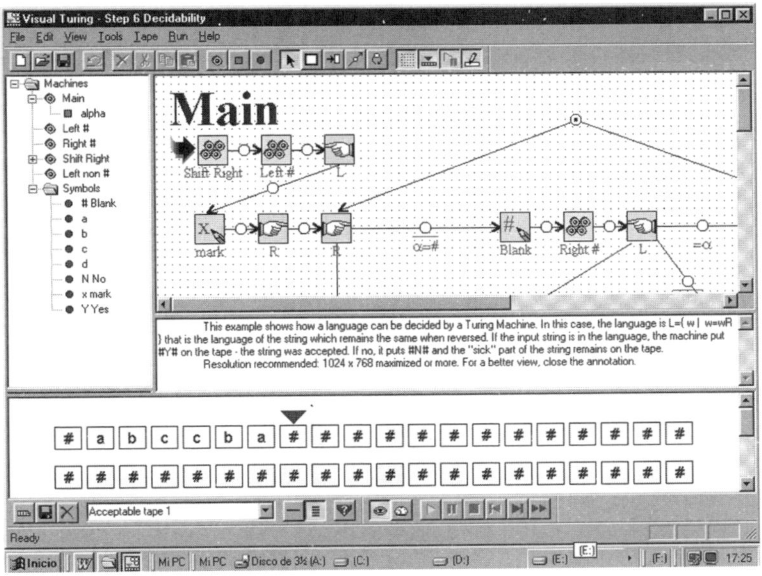

Simulador Visual Turing de máquina de Turing.

Para los nostálgicos del antiguo sistema operativo MS–DOS el programa de John Kennedy del Departamento de Matemáticas de la Universidad de Santa Mónica, en Estados Unidos, representa una atractiva opción de simulación de máquina de Turing, eso sí dentro de las limitaciones propias de este sistema operativo. Asimismo, varias son las simulaciones de máquinas de Turing que actualmente se hayan desarrolladas en lenguaje Java, por lo que esta clase de programas resultará de utilidad tanto a los usuarios de ordenadores bajo sistema operativo Windows como Unix/Linux.

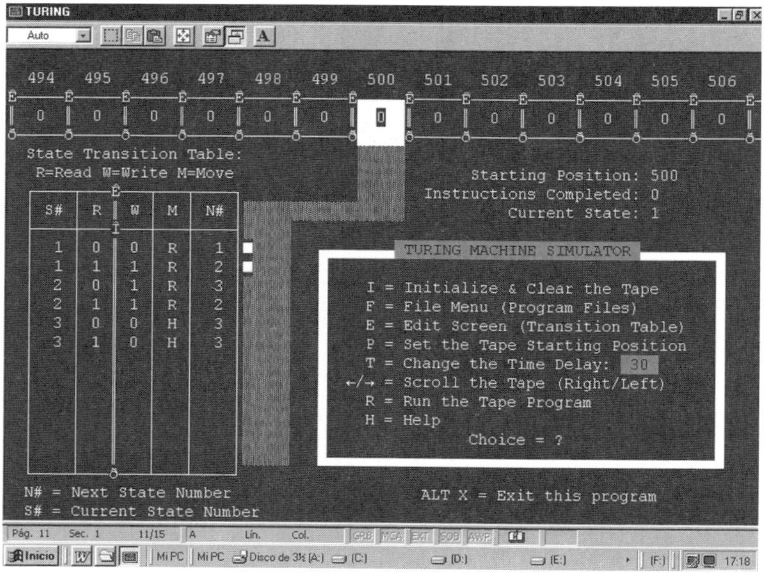

Simulador de máquina de Turing en MS-DOS.

Tal es el caso de la versión 1.2 del programa tmsim_bgm desarrollado en 1997 según el estilo del libro de J. E. Hopcroft y J. D. Ullman *Introducción a la teoría de autómatas, lenguajes y computación* (*Introduction to Automata Theory, Languages, and Computation*), o el software *The Java Computability Toolkit* (Robinson et al., 1999), ilustrando ambos la clase de programas que son habitualmente realizados por estudiantes, profesores e investigadores en ambientes académicos y universitarios.

Uno de los retos más interesantes que se plantearon los investigadores entusiastas del legado científico dejado por Turing fue la posibilidad de *construir virtualmente* dicha máquina aprovechando las reglas de uno de los *autómatas celulares* más populares hasta la fecha, al que se conoce con el nombre de *Juego de la vida*. Dicho juego fue introducido en la década de 1970 por John Horton Conway, de la Universidad de Cambridge. Se trataba de un juego de ordenador que fue recibido con una gran popularidad en todo el mundo tras su publicación en octubre de 1970 en la revista *Scientific American* en un artículo de Martin Gardner. El número de personas seguidoras y entusiastas de este juego fue tan numeroso que entre los años 1971 y 1973 dio lugar a la publicación de la revista *Lifeline* dedicada en exclusiva al *Juego de la vida*. Entre los numerosos artículos y publicaciones dedicados al juego de Conway, el libro escrito por Poundstone en 1985 es una de las obras de referencia más completas acerca de este autómata celular. Pero ¿qué es un autómata celular? Un autómata celular es una rejilla en una dimensión (similar a un vector o *array* en 1D) o dos dimensiones (una tabla, matriz o *array* en 2D) cuyas celdas se hayan ocupadas por autómatas finitos (Lahoz–Beltrá, 2004). En un sentido estricto cada celda se encuentra ocupada por un único autómata finito, esto es, por un elemento que se encuentra en uno de entre un conjunto de estados posibles, siendo finito dicho conjunto. Por ejemplo piénsese en un semáforo, la señal se encontrará para un tiempo *t* en un cierto estado, rojo, de entre tres posibles estados {rojo, ámbar, verde}. Un experimento de simulación con un autómata celular consistirá por tanto en ir actualizando para cada iteración o tiempo *t* el estado de cada autómata finito, aplicándose una cierta función o conjunto de reglas que se conoce bajo el nombre de reglas de transición. Durante el proceso de actualización, las reglas de transición actualizarán el estado de un cierto autómata finito teniendo no sólo en cuenta el estado actual del autómata finito, sino además su vecindad, es decir el estado de los autómatas finitos ubicados alrededor o en su proximidad. En el caso habitual de un autómata celular en dos dimensiones, y dado un cierto autómata finito, las vecindades más frecuentes son las de 4 y 8 vecinos. La vecindad de 4 autómatas finitos, también llamada de Von Neumann, es aquella en la que los vecinos son los autómatas finitos ubicados al N, S, E y O alrededor de un cierto autómata; mientras que en la de 8 vecinos o vecindad de Moore, un cierto autómata finito tendrá como vecinos a todos aquellos autómatas situados a su alrededor, es decir al N, S, E, O así como en las celdas diagonales, esto es NE, SE, SO y NO. Por ejemplo, en el *Juego de la vida* de Conway los autómatas finitos pueden encontrarse en uno de dos estados posibles, ya sea el estado 0 o el estado 1, representándose tales estados durante la simulación por un determinado color elegido de modo arbitrario. En el ejemplo, el estado 0 como blanco y el 1 como negro o viceversa. Aunque otras vecindades y dimensiones sean posibles, el juego original introducido por Conway considera una vecindad de 8 vecinos y una rejilla bi–dimensional, utilizándose las siguientes reglas de transición:

$$a_{ij}^{t+1} = \begin{cases} 0,1 & si \quad \sum_{k=1}^{8} a_k^t = 2 \\ 1 & si \quad \sum_{k=1}^{8} a_k^t = 3 \\ 0 & si \quad \sum_{k=1}^{8} a_k^t < 2, \ \sum_{k=1}^{8} a_k^t > 3 \end{cases}$$

que son interpretadas como sigue. La primera regla establece que independientemente de que el estado de un autómata finito $a^t{}_{ij}$ sea 0 o 1, su estado futuro, es decir $a^{t+1}{}_{ij}$ será idéntico al estado anterior si el número de vecinos en estado 1 es igual a 2. Obsérvese como en el sumatorio el subíndice *k* es una forma de etiquetar arbitrariamente a los 8 vecinos del autómata considerado, autómata que estará ocupando la posición central de la vecindad. Más aún, la regla comentada se cumple independientemente de qué autómatas de la vecindad estén en estado 1 y cuáles en estado 0, siempre y cuando dos autómatas finitos se encuentren en estado 1. La segunda regla significa que un autómata finito pasará al estado 1 si la suma de sus vecinos en estado 1 es igual a 3. Por consiguiente, en este caso el cambio de estado del autómata solo tendrá lugar si su estado era 0 en el tiempo *t*, permaneciendo en el estado 1 en caso contrario. Finalmente, la tercera regla simula el efecto de una vecindad con una alta o baja densidad de autómatas en estado 1. De acuerdo con esta regla, si el número de autómatas de la vecindad en estado 1 es inferior a 2, es decir uno o ninguno, o superior a 3, es decir, 4, 5, 6, 7 u 8, entonces el autómata finito pasará al estado 0. Obsérvese que en este caso el cambio de estado del autómata solo tiene lugar si su estado era 1 en el tiempo *t*, manteniendo su estado 0 en caso contrario.

Aplicando de un modo iterativo las reglas de transición a cada uno de los autómatas finitos que forman parte del autómata celular, observaremos la evolución del autómata celular, teniendo lugar durante la misma la aparición de estructuras o patrones característicos. Estas *figuras* o patrones causaron una auténtica fascinación y adicción entre quienes experimentaron por vez primera con este juego, organizándose concursos y otras actividades en torno a este autómata celular. Uno de los mejores programas sobre el

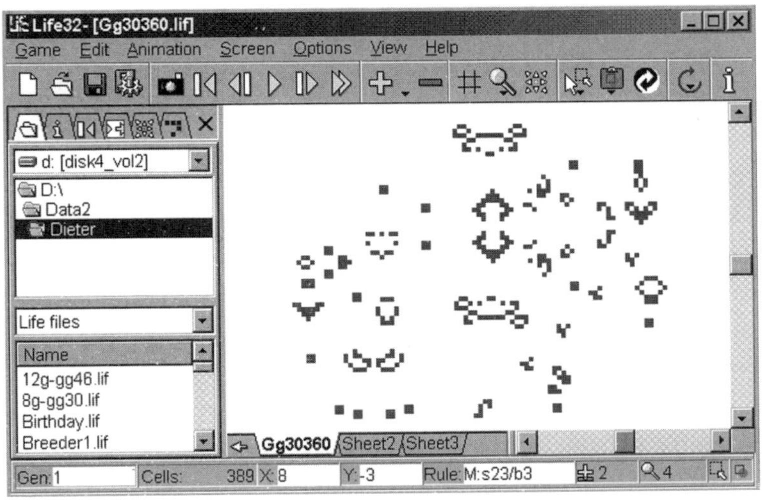

Simulador Life32 del Juego de la vida.

Juego de la vida es Life32. Escrito por Johan Bontes, el programa para ordenadores con sistema operativo Windows 9X/NT/2000/XP, permite manejar un universo (léase una rejilla en dos dimensiones) de un millón por un millón, presumiendo además de ser el simulador más rápido de este autómata celular. El simulador incluye la posibilidad de importar o exportar patrones desde o hacia otros simuladores del juego de Conway como Xlife 2.0, Life 1.05/1.06, Pro-Life, MCell, dbLife e incluso en formatos gráficos como bmp y gif.

Ahora bien ¿es posible construir una máquina de Turing aprovechando las reglas de transición, el diseño y las características del *Juego de la vida*? Efectivamente, Paul Rendell consiguió simular una máquina de Turing con el autómata celular de Conway el 2 de abril de 2000, tal y como se describe en detalle en el libro titulado *Collision–Based Computing* editado por Andrew Adamatzky. Empleando para tal fin una rejilla de 1714 x 1647, Rendell ensambló dicha máquina a partir de sus dos componentes habituales, esto es, la máquina en sí, cuyo nombre técnico es el de *máquina de estados finitos* y la cinta de memoria, relacionándose entre sí a través de un grupo de autómatas finitos al que Rendell bautizó con el nombre de *detector de señal* (*signal detector*). En la simulación la máquina disponía de tres estados posibles y era capaz de procesar tres símbolos distintos en la cinta de memoria. Pese a lo reducido de sus posibilidades, su autor observó que su diseño original podía ser ampliado a una máquina de Turing con 16 estados y una cinta de memoria con 8 símbolos posibles, todo ello sin grandes dificultades, logrando con tales prestaciones una máquina con características similares a un ordenador o máquina de Turing universal. Eso sí, necesitaremos unas 1040 iteraciones o actualizaciones del autómata celular para completar un ciclo de la máquina de Turing, esto es, leer la cinta, cambiar el estado de la máquina, escribir en la cinta, y moverse o desplazarse a derecha o izquierda. Por consiguiente, y he aquí la principal implicación teórico–práctica de esta clase de simulaciones, de los experimentos descritos anteriormente deduciremos el siguiente principio:

"Si una máquina de Turing universal puede ser simulada con un autómata celular, por ejemplo el Juego de la vida, *entonces cualquier sistema dinámico que pueda ser simulado con un autómata celular, por ejemplo un sistema biológico, económico, social, químico o físico, entre otros, podrá efectuar las mismas tareas que un ordenador."*

No podía ser de otra manera y el éxito logrado por Rendell, es decir, la posibilidad de simular una máquina de Turing con autómatas celulares, animó a otros investigadores a recrear por este procedimiento la máquina ideada por Alan Turing décadas atrás. El 11 de noviembre de 2002, y utilizando una vez más el *Juego de la vida de* Conway, fue diseñada la denominada Minsky Register Machine o abreviadamente MRM, una *máquina virtual* equivalente a la de Turing aunque con distintas características de las que presenta la diseñada por Paul Rendell. Asimismo, y a partir de una máquina MRM, su autor diseñó otra a la que bautizó como URM, que era una máquina universal MRM y cuya versión original ocupaba una rejilla de 4558 x 21469, siendo extremadamente lenta, aunque eso sí se trataba de un modelo con capacidad de computación universal basado en el popular autómata celular de Conway. A lo largo de estos años surgieron otras máquinas equivalentes, este es el caso de CoreWorld y LogiCell, corroborando con estas simulaciones los resultados y principios enunciados anteriormente.

En 1986 un científico norteamericano llamado Christopher Langton planteó un sencillo experimento de simulación cuyas consecuencias fueron tales que a raíz de aquella simulación nacería una nueva disciplina, la vida artificial (véase el Capítulo 4). El experimento en cuestión trataba con un sistema dinámico elemental que podía ser considerado como un autómata celular o como una máquina de Turing en dos dimensiones. Sin más preámbulos Langton se preguntó ¿cómo se comportaría una máquina de Turing en dos dimensiones? En otras palabras ¿es posible simular una máquina de Turing pero que en lugar de leer y desplazarse sobre una *cinta*, lea y se mueva sobre una *rejilla*? Efectivamente era posible, y así fue como Langton bautizó a esta clase de máquina de Turing con el nombre de *hormiga*, aunque también es denominada *vant* (abreviatura de *virtual ant*) o alternativamente *turmite* (acepción esta última que tal vez proceda de la unión abreviada de las palabras Turing y *termite*). En dicha simulación la hormiga *vive* en un tablero cuyas celdas pueden encontrarse en dos estados, un estado en blanco o sin colorear al que denominaremos como estado 0, y otro estado coloreado, por ejemplo en negro o cualquier otro color y al que denominaremos como estado 1. Aunque la simulación es igualmente interesante si al principio de la simulación, esto es, para el tiempo cero de simulación, todas las celdas están en blanco, es costumbre asignar a las celdas un estado elegido aleatoriamente. Una vez asignado un estado a cada celda la configuración de estados de las celdas resultantes será el estado inicial de la rejilla sobre la que se desplazará la hormiga o máquina de Turing. A partir de ahí el comportamiento de la hormiga se encuentra determinado por dos simples reglas, moviéndose la hormiga desde una celda a otra de la vecindad. Si la celda sobre la que se encuentra la hormiga (celda en posición i,j) está coloreada (estado 1) entonces la hormiga girará 90º a la derecha y avanzará una unidad situándose sobre la celda en posición i, j+1. A continuación, se invertirá el color de la celda abandonada, esto es la celda en posición i,j pasará a ser blanca o no coloreada (estado 0). Por el contrario, si la celda sobre la que se encuentra la hormiga (celda en posición i,j) es blanca o no está coloreada, entonces la hormiga girará 90º a la izquierda y avanzará una unidad situándose sobre la celda en posición i, j-1. Seguidamente, se invertirá el color de la celda abandonada, en este caso la celda en posición i,j pasará a ser negra o estar coloreada (estado 1). Obsérvese que en ambos casos una vez que la hormiga abandona una celda, ésta invierte su color o estado, motivo por el que habitualmente se considera que el comportamiento de la hormiga se encuentra gobernado por tres reglas, incluyéndose esta tercera regla junto con las otras dos que hemos mencionado. En un experimento típico de simulación, por ejemplo si inicialmente todas las celdas se encuentran en blanco o estado cero ¿qué observaremos? Algo realmente apasionante como es que la hormiga construye una *autopista*. En primer lugar, y durante aproximadamente los primeros 500 pasos, la hormiga dibujará unos patrones simétricos. Una vez alcanzado este número de pasos, y de ahí en adelante, la hormiga cambiará su comportamiento volviéndose aparentemente aleatorio. El resultado es que se rompe la simetría anterior, comportándose la hormiga como si explorara su entorno una y otra vez. Este comportamiento se repite durante aproximadamente diez mil pasos. Una vez alcanzado este número de pasos, y de un modo aparentemente repentino, la hormiga exhibe un comportamiento por el que parece que hubiera *decidido* el camino a seguir. Es en ese preciso instante cuando la hormiga comienza a avanzar en una cierta dirección, dejando tras de sí un trayecto o autopista que a fin de cuentas no es más que una estructura periódica formada por celdas coloreadas o en estado 1. Una propiedad realmente curiosa es que la autopista es construida en 104 pasos, repitiéndose una y otra vez a partir de una serie de movimientos periódicos de la hormiga. Asimismo, otro hecho observado empíricamente, y demostrado más tarde por Bunimovich y Troubetzkoy en 1992, es que la trayectoria de la hormiga es siempre sin límites. El hecho de que la ruta seguida por la hormiga lo sea sin límites es consecuencia del llamado teorema de Cohen–Kung, que indica que dada una configuración inicial de celdas, por ejemplo todas blancas, o unas pocas negras y el resto blancas, el conjunto de celdas que es visitado una y otra vez por la hormiga no tiene esquinas (una esquina de un conjunto de celdas es definida como aquella celda con al menos dos celdas vecinas que no pertenecen a dicho conjunto).

El modelo que hemos descrito fue introducido por Langton en un intento de explorar cómo un comportamiento complejo podía emerger a partir de un modelo con reglas sencillas (véase el Capítulo 4), y cómo el *orden* podía emerger en un sistema con *comportamiento caótico*, otra de las ideas esenciales de la vida artificial. Una idea similar fue desarrollada en 1988 por un estudiante llamado Greg Turk. En su trabajo, Turk consideró, como Langton, la posibilidad de que una máquina de Turing se moviera sobre una rejilla en lugar de una cinta, desarrollando otras posibilidades, una de las cuales era precisamente la hormiga de Langton. Durante esta época surgieron otras secuelas del trabajo original de Langton como los modelos de máquina de Turing bidimensional de James Propp y Rudy Rucker, este último autor del laboratorio CA Lab, un conjunto de programas para la simulación de autómatas celulares.

Hormiga de Langton, una máquina de Turing bidimensional.

A partir de la idea de máquina de Turing, otros investigadores realizaron, años después que Alan Turing, los experimentos de simulación que hemos descrito. Sin saberlo, Turing contribuyó muchos años después de su temprana pérdida al nacimiento de una de las disciplinas más apasionantes surgidas durante el siglo XX, la vida artificial (Lahoz–Beltrá, 2004).

2 La era de la máquina. El nacimiento del ordenador (1938-1945)

El 23 de febrero de 1918, a finales de la I Guerra Mundial, un ingeniero llamado Arthur Scherbius (1878–1929) solicitó la patente de una máquina para encriptar mensajes a la que bautizó con el nombre de Enigma, y que sería decisiva en el curso, años después, de otra contienda bélica internacional, la II Guerra Mundial. Sin embargo, el principio de Enigma fue inventando por un norteamericano, Edward Hugh Hebern (1869–1952), quien en 1917 ideó un sistema mecánico de rotores para la transformación de unos caracteres en otros usando alfabetos independientes, procedimiento al que se conoce como método de sustitución poli–alfabética. En un principio, la máquina de Scherbius fue inventada con el fin de proteger, encriptándola, la información de las transacciones comerciales. Su inventor fundó junto con E. Richard Ritter la empresa Scherbius & Ritter ofreciendo a la marina alemana su invento, sobre el que ésta no mostró el menor interés por aquel entonces. Ante tal adversidad, Scherbius y Ritter vendieron en 1923 los derechos de explotación de Enigma a otra empresa en la que ambos trabajaron en calidad de directores, la alemana Chiffriermaschinen AG. En 1923 y 1924 Enigma fue presentada al público en dos ciudades europeas, Berlín y Estocolmo. Durante la década de 1920 esta empresa comercializó para uso civil toda una gama de máquinas Enigma con distintas características, cuyos modelos fueron bautizados con una escueta letra como A, B, C, y D. De todas ellas, Enigma D fue comercializada en varios países, entre ellos España, donde varias máquinas fueron vendidas. Una versión comercial de Enigma sería utilizada más tarde durante la Guerra Civil Española.

A partir de la versión comercial el ejército alemán si mostró esta vez interés en Enigma y desarrolló otros modelos para su propio uso. Así, en el verano de 1928 introdujo su propia versión, a la que se denominó como modelo G. Este modelo fue revisado y mejorado en otros dos a los que se llamó Enigma I y II. Uno de los modelos más populares de la época, ya que fue ampliamente utilizado durante la II Guerra Mundial, fue el conocido como *Wehrmacht*. Este modelo de Enigma será el que, más adelante, elegiremos como prototipo para explicar su funcionamiento. Aunque también fue adquirida por los servicios diplomáticos, hacia 1933 y bajo el mandato de Hitler, la fabricación de Enigma pasó a formar parte del programa de armamento del gobierno del III Reich. En 1934 la marina alemana desarrolló también su propio modelo, más complejo que el anterior, al que denominó *Funkschlüssel M* o abreviadamente M3. A su vez, y más compleja que M3 fue M4, un modelo adoptado en 1942 por los célebres submarinos alemanes

U–boot que tantas películas han inspirado. A estos modelos de interés bélico le siguieron otros, como el modelo Enigma *Abwehr*, el modelo suizo K o el japonés T, entre otros. Se estima que de unas 100.000 máquinas que se construyeron durante estos años, un 40% de la fabricación tuvo lugar durante la II Guerra Mundial.

Pero ¿por qué fue tan importante Enigma? Enigma fue una máquina electromecánica portátil, con el aspecto de una máquina de escribir, que fue utilizada para cifrar y descifrar mensajes por el gobierno y ejército de la Alemania nazi antes y durante la II Guerra Mundial. De todos los modelos que llegaron a fabricarse, el conocido como Enigma *Wehrmacht* fue adoptado por el ejército alemán para cifrar sus mensajes –principalmente órdenes y partes de guerra– antes de ser emitidos a las tropas por radio o Morse. Además, este modelo fue el más conocido ya que fueron los Aliados, en particular los técnicos del equipo de Bletchley Park en el Reino Unido, quienes lograron con éxito romper los códigos y descifrar los mensajes alemanes difundidos a otros países. Fue tal la importancia del trabajo realizado por estos técnicos de Bletchley Park, entre los que se encontraba Turing, que muchos historiadores especialistas en este periodo tan triste del siglo XX piensan que el trabajo allí realizado sirvió para acortar la guerra en uno o dos años. Verdad o no, lo cierto es que durante este enfrentamiento bélico la guerra no sólo fue un asunto entre ejércitos, sino también entre civiles. Las principales batallas no se libraron únicamente en los campos de batalla, sino tam-

Máquina Enigma.

bién entre los científicos y tecnólogos de uno y otro bando. Si la II Guerra Mundial inauguró un nuevo concepto de guerra, un nuevo estilo de enfrentamiento bélico entre países, no es menos cierto que los hombres y mujeres de Bletchley Park contribuyeron sin saberlo a este nuevo estilo de confrontación.

Funcionamiento mecánico de Enigma

En un principio, Enigma podría ser considerada como una máquina aparentemente sencilla, dada su facilidad de uso, recordando por su aspecto a una máquina de escribir. Se trataba en esencia de una máquina que combinaba dos clases de elementos, por un lado elementos mecánicos y por otro eléctricos. Los elementos mecánicos estaban representados por un teclado y por un conjunto de discos o tambores llamados *rotores* –*Walzen* en alemán– que constituían el verdadero corazón de la máquina. Aunque existen variaciones, una de las características más notables de este ingenio era su mecanismo por pasos (Hamer, 1997; Hamer et al., 1998). Esto es, cada vez que una tecla era pulsada se producía el giro de un rotor, resultando el giro ordenado y consecutivo de los rotores adyacentes, de derecha a izquierda, con la pulsación de las teclas. El giro era guiado por una muesca o hendidura ubicada en los rotores, aunque a veces podían contener varias muescas, de un modo similar a las ruedas de los programadores de las antiguas máquinas lavadoras de ropa. El resultado de este mecanismo, en apariencia tan sencillo, era simplemente genial ya que de esta forma se lograba que una misma letra, por ejemplo la A, no estuviera siempre codificada por el mismo carácter, pues variaba la transformación criptográfica de un carácter como consecuencia del giro de los rotores tras la pulsación de cada tecla. Cada rotor, con un diámetro de 10 cm, tenía dos partes, áreas o caras diferentes con dientes y contactos, representando ambas caras un alfabeto de 26 letras desde la A hasta la Z. En una de las caras del rotor se encontraba un disco de baquelita con una serie de dientes dispuestos en círculo, mientras que en la otra cara se ubicaban también dispuestos en círculo una serie de contactos eléctricos. A partir de aquí entenderemos mejor otra de las ideas fundamentales que subyacía en el funcionamiento de Enigma: cada vez que un rotor se colocaba al lado de otro, los dientes de un rotor se apoyaban –formando un circuito eléctrico– sobre los contactos del rotor en su vecindad. A este hecho hay que añadir que el cableado del circuito eléctrico resultante era terriblemente complejo si tenemos en cuenta que en el interior de cada rotor había un total de 26 cables conectando cada uno de los dientes de una de las caras del rotor con el correspondiente contacto situado en su otra cara. Con objeto de complicar aún más la efectividad de Enigma, la trama de cables que conectaban los dientes de una de las caras con los contactos de la otra eran diferentes en cada rotor. Además lo habitual es que una máquina Enigma tuviera 3 o 4 rotores alineados, lo que complicaba aún todavía más el encriptado de un carácter, ya que el cifrado de un carácter en otra letra completamente distinta dependía del circuito eléctrico que en ese instante se hubiera configurado entre todos los rotores.

Cada vez que se deseaba encriptar o cifrar un mensaje antes de enviarlo, o por el contrario descifrar un mensaje recibido, el operador debía colocar –de derecha a izquierda– los rotores alineados en un cierto orden, fijando a continuación la posición inicial de cada rotor. Esto último se lograba haciendo que una cierta letra del alfabeto fuera visible a través de una pequeña ventana o visor del tamaño de un carácter. Durante la guerra, a estas dos características de configuración, de las que dependía naturalmente el cifrado y descifrado de mensajes, se les añadió otra consistente en la posibilidad de ajustar en el rotor el anillo conteniendo el alfabeto, variando por tanto la trama del cableado diente–contacto con respecto a la posición –denominada por los alemanes como *Ringstellung*– elegida para el anillo. Mientras que las máquinas Enigma utilizadas por el ejército y fuerza aérea alemanes, y a la que anteriormente nos referimos como modelo *Wehrmacht*, disponían de cinco rotores con únicamente una hendidura, numerados como I, II, III, IV y V, el modelo utilizado por la marina alemana llegó a incluir tres rotores adicionales más, el VI, VII y VIII, presentando dos muescas o hendiduras.

Además de los rotores que hemos descrito, y excepto en los primeros modelos de Enigma, al final del último rotor se incluyó un elemento un tanto particular, el *reflector* (*Umkehrwalze*). La función del reflector, situado a la izquierda de los rotores, era, como su nombre indica, redirigir la transformación criptográfica en el camino inverso, esto es, tomar el resultado del último rotor volviendo a modificarlo a través de los rotores de izquierda a derecha hacia el primero de ellos, consiguiéndose así una máquina auto–recíproca, propiedad que fue utilizada naturalmente por los técnicos y científicos que colaboraron en Bletchley Park. El que una máquina sea auto–recíproca significa que el proceso de cifrado es similar al de descifrado, exhibiendo además la propiedad de que ninguna letra podía ser encriptada consigo misma. Por ejemplo, con el reflector la letra A no podía ser codificada como A, B como B, etc. Una vez más, y como ocurría con el número de rotores y el de muescas de los rotores, dependiendo del modelo de Enigma el reflector podía presentar distintas configuraciones. La flexibilidad de Enigma era tal que en un modelo conocido como *Abwehr* el reflector podía rotar a saltos como los rotores, mientras que en el modelo *Wehrmacht* el reflector no podía rotar.

Además del reflector ubicado a la izquierda de los rotores, a la derecha de estos últimos se situaba la *rueda de entrada* (*Eintrittwalze*). Se trataba de una rueda o estator que conectaba el teclado donde se escribía el mensaje de entrada y las lámparas donde aparecía escrito el mensaje de salida procedente del sistema de rotores. Aunque su cableado era extremadamente sencillo comparado con el de los rotores, este elemento complicó a los Aliados el descifrado de los mensajes alemanes. A estas complicaciones se le añadió una más. En el frontal de la máquina se incluyó un panel con un sistema de clavijas (*Steckerbrett*) introducido

Detalles de Enigma (de izquierda a derecha): rotores alineados en orden, visores con la posición inicial de las letras y panel con sistema de clavijas donde se aprecia que la A está conectada a la J, y la S lo está a la O.

por el ejército alemán y adoptado por la marina. Este artificio contribuía de un modo significativo a aumentar el poder de cifrado de Enigma, aún más que un rotor adicional. La idea subyacente era sencilla, convirtiéndose una letra en otra a través de la conexión de un cable con dos clavijas a unos punto de conexión o hembras, conversión que tenía lugar antes de que la letra original sufriera otras transformaciones con el sistema de rotores anteriormente descrito. Desde un punto de vista combinatorio, el resultado de todos estos mecanismos era la transformación de una letra en otra, lo que implicaba un número considerable de posibilidades, que puede ser calculado como el producto de las permutaciones debidas a los distintos elementos implicados en la transformación, esto es al panel con el sistema de clavijas, los rotores y el reflector. Cualquier mensaje recibido podía ser decodificado colocando los rotores en el orden acordado, sus posiciones iniciales, ajustando la posición del alfabeto con respecto y en cada uno de los rotores, y conectando las clavijas en el panel frontal, llegándose a un total de 10^{114} configuraciones posibles.

Con estos añadidos, Enigma se reveló como una máquina formidable con la que la Alemania nazi creyó tener suficientemente protegidas las comunicaciones entre sus tropas y entre éstas y los mandos militares. Durante la II Guerra Mundial el protocolo y máquinas utilizadas por la marina alemana eran más seguros y sofisticados que los del resto del ejército alemán. Por ejemplo, los libros de códigos estaban impresos con tinta roja, una tinta soluble en agua que los haría desaparecer borrando su contenido en caso de que los Aliados hundieran algún navío alemán.

Bletchley Park y la *bomba* de Turing

Uno de los factores que hacía de Enigma una herramienta de gran valor estratégico era su portabilidad, lo que posibilitaba su fácil transporte así como la movilidad. Este hecho permitió al ejército alemán una estrecha cooperación entre las fuerzas aéreas y terrestres, cooperación que inicialmente tuvo gran éxito para los militares alemanes. Pero si hubo un acontecimiento en el que Enigma se reveló esencial para las tropas alemanas fue en la batalla del Atlántico. En agosto de 1940 Alemania declaró el "bloqueo total" al Reino Unido, declarando que todos los mares circundantes serían considerados como zona de guerra.

Los submarinos alemanes, los llamados *U–boot*, se encontraban equipados con una máquina Enigma con la que codificaban su propia posición así como la de los convoyes de los barcos aliados que detectaban. Este último dato era esencial, pues una vez detectado un convoy aliado los submarinos alemanes se reunían en las proximidades del convoy, incrementando notablemente su capacidad destructora. A su vez, y por este motivo, para los Aliados averiguar la posición de los submarinos alemanes representaba una información vital con el fin de desviar la ruta de sus barcos evitando así su hundimiento. Si consideramos que en estos barcos se transportaban, entre otras cosas esenciales, alimentos, y la situación geográfica del Reino Unido, una isla; el control por parte aliada del Atlántico Norte representaba una cuestión de supervivencia para los británicos. Los alemanes creyeron durante un tiempo que su máquina de encriptar mensajes era imbatible. Sin embargo, un golpe de suerte cambiaría el curso de la historia, pues los polacos se hicieron por casualidad con una máquina Enigma enviada a Varsovia por los alemanes. Tras abrir el paquete con la máquina, la estudiaron durante una semana, reenviándola después a su destinatario. Un grupo de matemáticos polaco dirigido por Marian Rejewski, del llamado BS4, fue capaz de descifrar los mensajes codificados con Enigma.

Evidentemente con conocer cómo funcionaba la máquina no era suficiente, ya que era necesario conocer la *configuración* utilizada para codificar un cierto mensaje. Esto significaba que para descifrar un mensaje interceptado a los alemanes los Aliados debían averiguar el orden de colocación y la posición inicial de los rotores, la posición del anillo de letras con respecto al rotor (para cada rotor) y las conexiones en el panel del sistema de clavijas. La debilidad del protocolo con el que era configurado Enigma sirvió a los matemáticos polacos para averiguar con un método o algoritmo llamado *sistema indicador* la configuración de Enigma para descifrar un mensaje interceptado. Utilizando dicho protocolo, los alemanes encriptaban la posición inicial de los rotores en el propio mensaje, indicando así para cada rotor cual era la letra visible a través de la pequeña ventana o visor. El error consistió en que esta letra, pese a ser elegida al azar, se indicaba por duplicado en el mensaje, por ejemplo CC, con el fin de evitar errores una vez que el receptor configurara Enigma para descifrarlo. Este *modus operandi* fue, por parte de los alemanes, un gran error en sí mismo, ya que esta duplicidad facilitó considerablemente el trabajo de los matemáticos polacos. En 1932 el equipo dirigido por Rejewski logró romper con éxito el código, es decir, descifrar los mensajes alemanes interceptados.

Pero en septiembre de 1938 los alemanes decidieron cambiar de estrategia, aunque eso sí, y esto es lo más asombroso, manteniendo el sistema de repetición de letras. Una vez más los matemáticos polacos lograron romper los códigos alemanes a partir del análisis de la frecuencia de lo que los matemáticos denomina-

El edificio principal de Bletchley Park.

ron *hembras*, lo que permitió configurar Enigma para cada uno de los mensajes interceptados y proceder a su correcto descifrado. La necesidad de ser más eficientes condujo a los técnicos polacos a plantearse la posibilidad de que el análisis de frecuencias de *hembras* fuera efectuado por alguna máquina electromecánica en lugar de ser efectuado manualmente como se había hecho hasta entonces. De dicha necesidad surgió una máquina a la que los polacos bautizaron con el nombre español de *bomba* que era capaz de detectar las *hembras* de un mensaje interceptado a través de una serie de rotores que emulaban el funcionamiento de una máquina Enigma. Lamentablemente, para los servicios de inteligencia polacos poco duró la alegría del éxito conseguido con su algoritmo y el diseño de la máquina *bomba*. En las navidades de 1938 los alemanes incorporaron tres rotores más a Enigma y entonces, con un total de seis rotores, el número de permutaciones era tal que se requerían unas 60 máquinas *bomba* para proceder con éxito al descifrado de un mensaje interceptado. Sencillamente las posibilidades y los recursos económicos del gobierno polaco no eran suficientes en aquel entonces para proceder a la construcción de un número tan elevado de máquinas, y aún menos para llevar a cabo el reclutamiento del personal técnico necesario para su utilización y mantenimiento. Los alemanes

volvían a imponerse de nuevo: el inicio de la II Guerra Mundial parecía inevitable.

A los servicios de inteligencia de los Aliados también les acompañó la suerte, pues la captura de varias máquinas Enigma, y sus correspondientes libros de códigos, en los submarinos alemanes U–220, U–505 y U–559 facilitaría enormemente su trabajo. La falta de recursos de los polacos para proseguir sus pesquisas llevó a que a principios de 1939 los servicios de inteligencia polacos se reunieran con sus homólogos británicos y franceses. El resultado de este encuentro fue el compromiso británico de continuar con el trabajo de sus colegas polacos a través de una institución denominada British Government Code & Cypher School (Escuela de código y cifrado del gobierno británico). Fruto de tales acuerdos nació Bletchley Park, en la región de Buckinghamshire, cerca de la ciudad de Milton Keynes, próxima a Londres.

Allí, entre barracones, nace una organización cuya principal tarea no es otra que descifrar el mayor volumen, y en el menor tiempo posible, de los mensajes alemanes interceptados. Con el fin de lograr estos propósitos Bletchley Park es organizado por áreas o sectores que cooperan entre sí, repartiéndose el trabajo como en una fábrica. Por ejemplo, mientras los técnicos y analistas de un sector se dedicaban a *capturar* mensajes del gobierno alemán o de sus ejércitos, otro sector tenía por misión su descifrado, pasando los resultados a un tercero dedicado a recomponer una imagen global de las operaciones, objetivos, tácticas e intenciones de los alemanes. Además, y puesto que los alemanes utilizaban distintas redes de comunicación, estando las máquinas Enigma de cada red configuradas de un modo particular, los técnicos de Bletchley Park organizan su trabajo por códigos o claves, con nombres como *Red* (rojo), *Shark* (tiburón) o *Chaffinch* (pinzón), para referirse a tales redes de comunicación. A finales de la II Guerra Mundial, Bletchley Park llegaría a contar con cerca de 10.000 mil personas trabajando ininterrumpidamente las 24 horas del día en varios turnos.

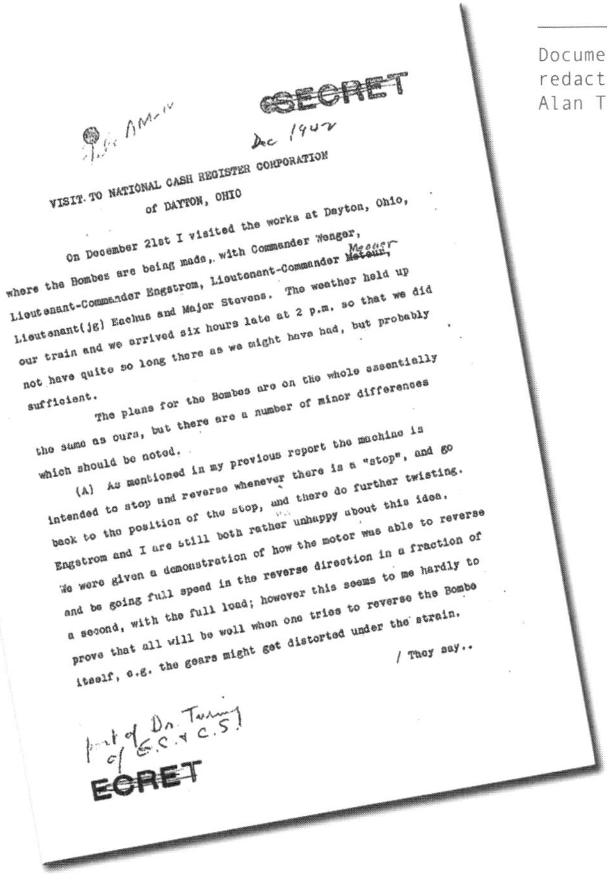

SECRET

Dec 1942

VISIT TO NATIONAL CASH REGISTER CORPORATION
of DAYTON, OHIO

On December 21st I visited the works at Dayton, Ohio, where the Bombes are being made, with Commander Wenger, Lieutenant-Commander Engstrom, Lieutenant-Commander ~~Meteur~~ Meader, Lieutenant(jg) Eachus and Major Stevens. The weather held up our train and we arrived six hours late at 2 p.m. so that we did not have quite so long there as we might have had, but probably sufficient.

The plans for the Bombes are on the whole essentially the same as ours, but there are a number of minor differences which should be noted.

(A) As mentioned in my previous report the machine is intended to stop and reverse whenever there is a "stop", and go back to the position of the stop, and there do further twisting. Engstrom and I are still both rather unhappy about this idea. We were given a demonstration of how the motor was able to reverse and be going full speed in the reverse direction in a fraction of a second, with the full load; however this seems to me hardly to prove that all will be well when one tries to reverse the Bombe itself, e.g. the gears might get distorted under the strain.

/ They say..

SECRET

Documento secreto redactado por Alan Turing.

Entre ellas, en el barracón número 8, *Hut 8* como lo denominaban los británicos, estaba Alan Turing, encargado y responsable de descifrar los códigos Enigma procedentes de la marina alemana. Su trabajo –esencial para romper el bloqueo naval contra su país llevado a cabo por los submarinos alemanes– era desconocido incluso para sus amigos y personas más cercanas. Al parecer desde noviembre de 1942 hasta marzo de 1943 Turing trabajó en Estados Unidos en el diseño de un sistema de cifrado electrónico que sirviera para encriptar las conversaciones entre el presidente norteamericano Roosevelt y el *premier* británico Churchill. Su estancia coincidió precisamente con lo que se llamó la *crisis de los submarinos U–boot*, que afectó especialmente a su país. El silencio y secreto que rodeaba al trabajo de Turing era tal que permaneció secreto hasta la década de 1970. De uno u otro modo, Turing fue el encargado de continuar con el trabajo iniciado por los matemáticos polacos.

Una vez que los británicos tomaron el testigo de la lucha contra la inteligencia alemana decidieron el diseño de una nueva máquina, heredera de la polaca *bomba* a la que esta vez bautizaron con el nombre de *bombe*. Decididos a construir cuantas máquinas hicieran falta, los británicos recurrieron para ello a personajes de la talla de Alan Turing. El propio Turing trabajó en la idea original que subyacía detrás de *bombe*, una máquina que nació de su ingenio personal, y cuyo diseño y construcción fue obra de Harold Keen, miembro de la empresa *British Tabulating Machine* en Letchworth. Construida bajo el nombre o código CANTAB, cada máquina pesaba cerca de una tonelada, presentando una sección frontal con espacio para 108 rotores. Los rotores se agruparon de tres en tres formando tripletes, de un modo similar a los tres rotores de Enigma. Los tripletes se agruparon por docenas, estando cada *bombe* formada por tres áreas o secciones de 12 tripletes cada una. El mensaje cifrado o *input* y el mensaje descifrado o *output*, circulaban a través de los tripletes de rotores dependiendo del criterio, y por tanto del cableado, decidido por Turing. El primer diseño, obra de Turing, fue bautizado con el nombre de *Victory* instalándose en Bletchley Park en marzo de 1940. Este modelo fue mejorado por el matemático Gordon Welchman, que introdujo el llamado tablero diagonal para incrementar la efectividad del diseño original. Este fue el modelo que se fabricó e instaló en Bletchley Park a partir de agosto de ese mismo año, conociéndose a este modelo mejorado con el nombre *Spider*. A este modelo le siguió otro aún más eficiente, el modelo *Jumbo*, que se instaló en la primavera de 1941.

La máquina en cuestión –capaz de encadenar una serie de deducciones lógicas *eléctricamente*– era más rápida que la *bomba* polaca y además utilizaba un algoritmo distinto al de aquella. Esta vez se trataba de un procedimiento estocástico o probabilístico basado en la detección de una palabra probable o que se conjeturaba que debía estar en el mensaje interceptado. A esta técnica se la conocía como *crib*, aunque también se utilizó el hecho de que Enigma no codificara una letra consigo misma, A como A, B como B, etc. El manejo de palabras conocidas o *crib* no resultaba sencillo ya que ello requería por parte del operador un conocimiento profundo de la terminología y jerga militar en lengua alemana. En esencia, y asumiendo una máquina Enigma de tres rotores en la que cada uno de los rotores podría estar inicialmente en una de las 26 posiciones (letras) posibles, el test aplicado por *bombe* consistía en eliminar la mayor parte, prácticamente la totalidad, de las 17.576 (26 x 26 x 26) posiciones o configuraciones iniciales de los tres rotores, examinando únicamente unas pocas configuraciones. Mecánicamente, los rotores tenían el mismo cableado interno que Enigma, y el reflector era simulado gracias a un sistema tan sencillo como que los contactos y cables se encontraban por duplicado.

Para cada posible posición de los rotores se hacía una prueba, y si el resultado era una contradicción entonces esas posiciones de los rotores eran descartadas; en caso contrario, se seleccionaban esas posiciones como solución candidata. Uno de los aspectos más interesantes de *bombe*, como influencia en el futuro diseño de lo que sería el primer ordenador, era que las deducciones lógicas eran efectuadas por medio de circuitos eléctricos. El circuito era realizado cableando entre sí varios grupos de rotores de acuerdo con unas instrucciones que a su vez dependían o eran el resultado de la palabra o *crib* seleccionada por el operador. Con *bombe* se demostró que era posible descifrar un mensaje centrándose únicamente en el millón de combinaciones debidas a los rotores de Enigma, y en ello radica su genialidad, ¡sin tener en cuenta los 157 millones de combinaciones debidas al panel con el sistema de clavijas introducido por los alemanes! Aunque limitarse a un millón aproximado de combinaciones resultaba un trabajo formidable, incluso para un equipo dirigido por alguien como Alan Turing, con *bombe* semejante tarea era posible, lo que permitió descifrar con ella toda la información que circuló codificada con Enigma durante la II Guerra Mundial. En 1942 Alan Turing era considerado un auténtico genio en Bletchley Park.

Curiosamente al parecer, y según su biógrafo Andrew Hodges, una joven llamada Joan Clarke recibió la propuesta de matrimonio de un exitoso y posiblemente feliz Turing. Ella aceptó de buen grado tal propuesta pero Alan se echó para atrás confesándole su homosexualidad. De vuelta a la realidad bélica, a finales de 1941 los alemanes sospecharon que los Aliados eran capaces de descifrar sus mensajes codificados con Enigma. Por este motivo, se introdujo en el modelo Enigma de la marina alemana un cuarto rotor cuyo cableado era completamente desconocido para los Aliados. Pero afortunadamente para estos, hacia las navidades de ese año un submarino alemán envió un mensaje codificado con la nueva Enigma de cuatro rotores. Inexplicablemente, el operador alemán cometió un grave error: reenviar de nuevo el mensaje pero con una Enigma de tres rotores, con lo que analizando ambas versiones del mismo mensaje se pudo averiguar el cableado del cuarto rotor. Ello no evitó, sin embargo, que otras máquinas Enigma llegaran a la marina alemana y que los submarinos alemanes hundieran numerosos barcos aliados.

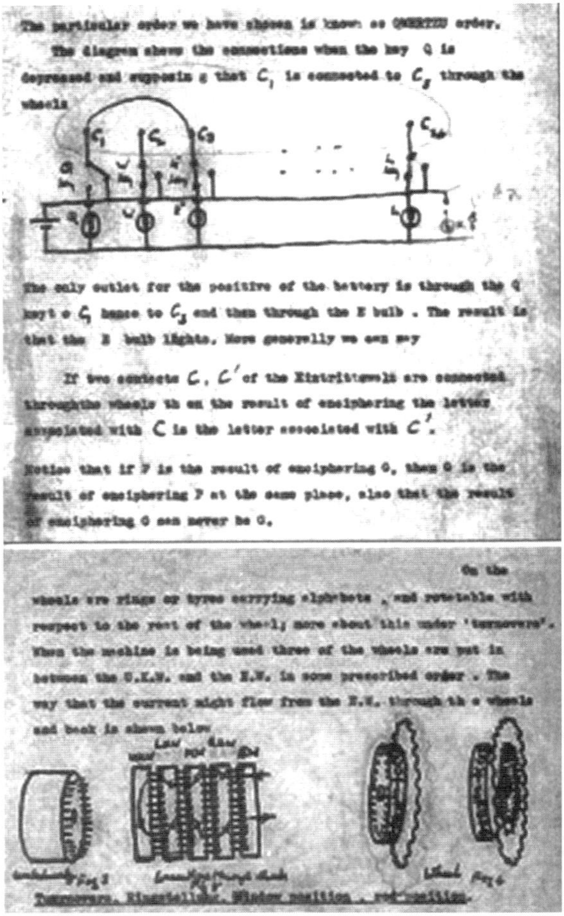

The particular order we have chosen is known as QWERTZU order.

The diagram shows the connections when the key Q is depressed and supposin g that C_1 is connected to C_3 through the wheels

The only outlet for the positive of the battery is through the Q key to C_1 hence to C_3 and then through the E bulb . The result is that the E bulb lights. More generally we can say

If two contacts C, C' of the [illegible] are connected through the wheels th en the result of enciphering the letter associated with C is the letter associated with C'.

Notice that if P is the result of enciphering G, then G is the result of enciphering P at the same place, also that the result of enciphering G can never be G.

On the wheels are rings or tyres carrying alphabets , and rotatable with respect to the rest of the wheel; more about this under 'turnovers'. When the machine is being used three of the wheels are put in between the U.K.W. and the E.W. in some prescribed order . The way that the current might flow from the E.W. through th e wheels and back is shown below

Turnovers. Ringstellung. Window position . rod-position.

Dos extractos de las notas de Turing sobre Enigma (1939-1942).

En mayo de 1943 Estados Unidos comenzó a fabricar e instalar nuevas versiones de *bombe* construidas a partir de los diseños de Turing, esta vez al otro lado del Atlántico. Las máquinas norteamericanas llegaron a pesar dos toneladas y media, llegándose a construir unas 120. Su fabricación cesó en septiembre de 1944 debido a la debilidad alemana y a los rápidos avances y éxitos de los Aliados. En la actualidad únicamente se conserva un ejemplar de *bombe* en el Museo Nacional de Criptología de Estados Unidos. En el Reino Unido, a finales de la II Guerra Mundial había instaladas 211 *bombes* en Bletchley Park, llegando a requerir cerca de 2.000 personas para su mantenimiento y utilización. Con el diseño y construcción de *bombe* nacía la leyenda de Bletchley Park y de una figura, Alan Turing, que con su trabajo e ingenio contribuyó a que los Aliados ganasen la II Guerra Mundial. Concluida la guerra, el primer ministro británico Winston Churchill mandó destruir todas las *bombe* y los documentos relacionados con su diseño y construcción.

Ahora bien, y pese a los aspectos apasionantes de esta historia y al ingenio e inteligencia de sus protagonistas de uno y otro lado, no fue Enigma la máquina que inspiró el diseño de la máquina que hoy en día podríamos considerar –aunque con restricciones– como el primer ordenador de la historia. En 1940, a principios de la II Guerra Mundial, los británicos interceptaron unas señales de teletipo en las que no se utilizaba el código Morse y eran distintas a las codificadas con Enigma. Se trataba de señales alemanas codificadas por otro procedimiento y máquina distinta a Enigma, que es conocida como *Lorenz* en sus dos versiones *SZ40* y *SZ42* y que era un accesorio que conectado a un teletipo cumplía los mismos propósitos que Enigma. Aunque Lorenz SZ40/SZ42 fue más popular, otra máquina de cifrar mensajes, la *Siemens und Halske T52*, fue también utilizada por los militares alemanes para enviar mensajes entre Alemania y Noruega a través de un cable tendido sobre Suecia. Obviamente los suecos acabaron por *localizar* el cable y un matemático sueco, Arne Beurling, logró descifrar los mensajes interceptados.

Tal y como ya indicamos los técnicos de Bletchley Park organizaban su trabajo por códigos o claves con los que se referían a las distintas redes de comunicación utilizadas por los alemanes. Con la clave *Fish* (pez) etiquetaron todo el tráfico de señales alemanas que circulaba a través de teletipo, refiriéndose dentro de este tráfico con el código *Tunny* (atún) a las que estaban codificadas con Lorenz SZ40/SZ42. Una vez más, y como ocurriera en varias ocasiones con los mensajes cifrados con Enigma, un golpe de suerte, o un error alemán si se prefiere, vino en ayuda de los Aliados. En el verano de 1941 un operador, se cree que desde Viena, envió un mensaje cifrado de gran tamaño, unos 4.000 caracteres, a otra ciudad, posiblemente Atenas. Una vez enviado el mensaje, tras teclear pacientemente todos sus caracteres, recibió otro mensaje de respuesta en alemán, rogándole que lo volviera a enviar de nuevo ya que el mensaje no había sido recibido correctamente en su totalidad. Curiosamente, el operador cometió el error táctico de enviar de nuevo el mensaje configurando a Lorenz de modo similar a como ya lo había hecho con el envío anterior, excepto que algunas palabras fueron abreviadas eliminando algunas letras de la terminación. Este grave error, en el que inexplicablemente el operador no respetó una de las normas básicas de la criptología, permitió a los técnicos de Bletchley Park romper con éxito el código *Tunny* al descifrar el equipo liderado por John Tiltman el mensaje enviado dos veces y codificado de modo similar. La información obtenida, fue pasada por Tiltman a un matemático de la Universidad de Cambridge llamado Bill Tutte, quien se puso a trabajar de inmediato para averiguar cuál era el principio en el que se basaba el funcionamiento de la máquina Lorenz. Curiosamente, y a diferencia de Enigma, rápidamente se supo el principio que regía su funcionamiento sin haber visto jamás una máquina de ese tipo. Cuatro meses más tarde de haber encargado dicha tarea a Tutte, y resuelto el misterio, en Bletchley Park se construyó una máquina electro–mecánica análoga con la que era posible descifrar los mensajes codificados con Lorenz, y a la que se llamó *máquina Tunny*.

El fundamento de la máquina Lorenz SZ40/SZ42 era el siguiente. Cada vez que se escribía un carácter éste era convertido, y por tanto representado, en código Baudot, un código del estilo del código ASCII de los actuales ordenadores, pero utilizado en telegrafía e inventado en 1874. En este código, que también es conocido como Alfabeto Internacional de Telégrafo Número 1, un carácter es representado por una secuencia de 5 bits, esto es, por una secuencia en binario compuesta de 5 dígitos, unos y ceros. Por ejemplo, 1 y 0 pueden ser representados como un *agujero* o un *espacio* en una cinta, respectivamente. Supóngase que tecleamos la letra R siendo convertida a la secuencia 01010 sobre una cinta de papel con 5 líneas paralelas, una por dígito binario o bit. En este caso sobre la cinta de papel tendríamos una columna y sobre cada fila *espacio*, *agujero*, *espacio*, *agujero*, *espacio*. El método utilizado por la máquina de Lorenz para encriptar un mensaje consistía en generar una secuencia aleatoria de 5 números binarios o bits y operar por parejas de bits, uno procedente de la letra a codificar y el otro de la secuencia aleatoria, de acuerdo con el operador booleano XOR al que también se conoce como *exclusivo OR*. La máquina en cuestión disponía de un total de 12 ruedas denominadas *pinwheels* con las que se generaba la secuencia aleatoria de 5 bits. De estas ruedas, cinco recibían el nombre de Chi o K y giraban paso a paso de modo regular, otras cinco llamadas Psi o S giraban paso a paso de modo irregular, y finalmente había dos ruedas motoras, a las que llamaremos M1 y M2.

Por consiguiente, la máquina de Lorenz incluía lo que hoy se denomina como *generador de números aleatorios*, una clase de algoritmo utilizado en la programación de ordenadores para la obtención de números pseudoaleatorios. Desde un punto de vista mecánico cada una de estas ruedas o *pinwheels* poseía un cierto número de posiciones sobre su periferia con un perno o *pin* que admitía dos posiciones, *on* u *off*, que durante el giro de la rueda afectaban o no a otras partes de la máquina generándose secuencias de pulsos *on/off* o si se prefiere secuencias de bits 1/0. El número de pernos o *pins* era variable en cada rueda, por ejemplo K1, K2, K3, K4 y K5 tenían 41, 31, 29, 26 y 23 mientras que S1, S2, S3, S4 y S5 presentaban 43, 47, 51, 53 y 59, teniendo M1 y M2 61 y 37. Obsérvese que el número de *pins* en una rueda era un número

El algoritmo de codificación de una máquina Lorenz

Supóngase que deseamos codificar la letra R, siendo 01010 su representación en código Baudot. En primer lugar, asúmase en el ejemplo que el operador de la máquina configura los pins de las ruedas K como off–on–off–off–on. Por consiguiente, tendremos que la secuencia 01010 se convierte en 00011, invirtiéndose el valor de los bits (0 por 1, 1 por 0) afectados por los estados on de las ruedas K. En segundo lugar, aplicaremos el operador XOR (véase más abajo la tabla de verdad) a las parejas de bits procedentes de las secuencias que representan la letra R (01010) y la letra R modificada (00011) por las ruedas K. De acuerdo con la tabla de verdad del operador XOR tendremos que el resultado de operar por parejas es 01001. En tercer lugar, si suponemos que el operador ha configurado los pernos o pins de las ruedas S como on–off–on–off–on aplicando a la secuencia 01001 el mismo criterio de transformación utilizado con las ruedas K, tendremos 11100 como nueva secuencia. En cuarto, y último lugar, si operamos con el operador XOR por parejas de bits, esta vez entre estas dos últimas secuencias (01001, 11100), tendremos 10101, secuencia que en código Baudot representa a la letra Y. En resumen, habremos codificado la letra R como Y.

A	*B*	*A XOR B*
0	0	0
0	1	1
1	0	1
1	1	0

primo relativo al de otras ruedas, haciendo así máximo el periodo combinado de todas las ruedas. Esta clase de ingenio mecánico se considera hoy en día como uno los predecesores de lo que en electrónica y en criptografía se conoce como *registros de desplazamiento alimentados linealmente* (en inglés *Linear Feedback Shift Registers*, abreviadamente *LFSR*). El ejemplo del cuadro ilustra el algoritmo de codificación de una máquina Lorenz. Obsérvese que en la máquina real las operaciones de las ruedas K y S tenían lugar de modo simultáneo, trabajando en paralelo, y no secuencialmente como en el ejemplo.

Colossus: el nacimiento del primer ordenador electrónico

Tommy Flowers

Colossus fue la primera máquina *programable*, *electrónica* y *digital* a la que con ciertas reservas podríamos hoy denominar como *ordenador*. Su diseño surge ante la necesidad de ganar eficacia en el descifrado de los mensajes alemanes codificados con Lorenz. Si Enigma inspiro la máquina *bombe* de Turing, podemos afirmar que fue Lorenz SZ40/SZ42 la máquina que inspiró el nacimiento de Colossus: el primer ordenador. Su diseño fue obra de Max Newman y otros técnicos de Bletchley Park, si bien el primer prototipo fue construido en Dollis Hill por Tommy Flowers, un técnico de la *British Post Office Research Station*. Una de las ideas más interesantes en Colossus fue la propuesta de Tommy Flowers de utilizar *válvulas*, naciendo así el primer ordenador electrónico de la historia.

Aunque hoy en día, y tras un proceso de revisión histórica, se considera a Colossus como el primer ordenador de la historia, lo cierto es que su invención esta precedida de otras máquinas a las que podríamos clasificar hoy en día como *pre–ordenadores*. A esta categoría pertenecen una serie de ingenios como las máquinas construidas a finales de los años 30 por los Laboratorios Bell; el Atanasoff–Berry, un ordenador digital pero no programable construido hacia 1937; o el ordenador Z3 de Zuse, el primer ordenador programable construido a base de relés. Tal y como ya comentamos anteriormente para la máquina Lorenz, el cifrado del mensaje a enviar requería de una secuencia de números aleatorios obtenidos por métodos electromecánicos gracias a una serie de ruedas o *pinwheels*. Pero tales números adolecían de cierta falta de aleatoriedad, dándose ciertos patrones de secuencias, lo que favoreció notablemente el descifrado de los mensajes interceptados por los Aliados.

El Colossus y dos operarias.

En realidad la idea que subyace detrás de Colossus es heredada de las llamadas máquinas de Robinson, también diseñadas para descifrar los mensajes encriptados con Lorenz. Las máquinas de Robinson fueron una familia de máquinas optomecánicas, en particular el modelo Heath Robinson y sus sucesoras Old Robinson y Super Robinson, que se utilizaron como máquinas para comparar. Sin embargo, fueron dispositivos muy poco eficientes ya que incorporaban dos cintas, una con el mensaje cifrado, la otra con una secuencia de números aleatorios obtenidos a partir de un sistema de ruedas *pinwheels* de características análogas a las de una máquina Lorenz, estirándose esta última cinta más de la cuenta cuando la lectura se hacia a una velocidad superior a 1.000 caracteres por segundo. La idea genial detrás de Colossus fue la sustitución de la segunda cinta, la que contenía la secuencia de números aleatorios, por *circuitos electrónicos* a base de válvulas, llegando a leer unos 5.000

caracteres, o de modo equivalente, doce metros de cinta, por segundo. Si Alan Turing fue el padre de la lógica que subyace en los ordenadores, Tommy Flowers tuvo como mérito la idea de utilizar válvulas para construir el circuito de un ordenador. Estas válvulas eran las mismas que se utilizaron en las primeras radios, siendo la idea original de Flowers la sustitución en la red telefónica británica de los interruptores mecánicos por *interruptores electrónicos*, idea que fue aplicada con éxito en el diseño de Colossus.

El ordenador Colossus llegó a tener unas 1.500 *válvulas*, *tiratrones* y *fotomultiplicadores*. Una válvula o tubo de vacío es un componente electrónico que es el antecesor de los actuales diodos y transistores. En su versión más sencilla se trataba de un tubo en el que se había hecho el vacío, con un filamento emisor que una vez incandescente emitía electrones al vacío en un proceso al que se conoce como emisión termoiónica. La nube de electrones, con carga negativa, era recibida por una lámina metálica, el ánodo, con carga positiva. El resultado era que dentro de la válvula tenía lugar una corriente de electrones desde el filamento emisor una vez incandescente hasta el ánodo. Puesto que la corriente circula en un solo sentido, la válvula descrita realiza la función de uno de los componentes electrónicos más importantes, el *diodo*, inventado en 1904 por John Ambrose Fleming, un asesor científico de la compañía Marconi, a partir de observaciones realizadas por Thomas Edison. En 1907, Lee De Forest utilizando un diodo intercaló un filamento adicional entre el filamento emisor de electrones y el ánodo, observando que si se aplicaba una corriente al filamento adicional dicha corriente controlaba el flujo de electrones desde el filamento emisor hasta el ánodo, observando que la válvula en cuestión se comportaba como un excelente amplificador de voltaje, había nacido el *triodo*, componente electrónico por excelencia y al que hoy conocemos como *transistor*.

El *tiratrón*, otra clase de válvula utilizada en los circuitos de Colossus, era un tubo relleno de gas, por ejemplo neón o xenón.

Su comportamiento era el de un rectificador que funcionaba como un interruptor eléctrico. Este dispositivo fue utilizado para grabar 1 *bit*. Conectando varios de estos dispositivos entre sí se lograba un circuito, una *memoria*, conociéndose hoy en día a esta clase de memoria como *registros de desplazamiento*. En la actualidad en su lugar se utiliza el término *tiristor*, por ejemplo el *triac*, un componente electrónico muy utilizado en circuitos electrónicos.

Los *fotomultiplicadores* eran un tipo de válvulas utilizadas por aquel entonces como detectores de luz. Eran, por tanto, muy sensibles, ya que al ser expuestos a la luz el impacto de fotones en el llamado fotocátodo producía electrones como consecuencia del efecto fotoeléctrico, obteniéndose una señal amplificada en el ánodo de la válvula. Aplicando estos dos últimos componentes, tiratrones y fotomultiplicadores, Colossus era capaz de leer los caracteres de una cinta de papel aplicando una función lógica previamente programada a cada carácter. Si el resultado de aplicar la función lógica era *verdadero* la lectura de la cinta y el análisis posterior seguían su curso. En cuanto a su operatividad como ordenador especializado en descifrar códigos, según Tony Sale, conservador del Museo de Bletchley Park, en 2004 un ordenador personal con microprocesador Pentium tardaba aproximadamente el mismo tiempo en romper un código que Colossus. De hecho Colossus fue el primer ordenador en el que se usaron los llamados *registros de desplazamiento*. Se trataba de un circuito de almacenamiento o *memoria* de datos digitales en el que estos se desplazaban varios espacios o posiciones hacia la derecha o izquierda, hecho que es controlado por otros circuitos o por impulsos de un reloj. Asimismo, también se incluía lo que se conoce como *arrays sistólicos*, una estructura con la que el flujo de datos es regulado para su procesamiento de un modo que recuerda a como se regula el flujo de sangre. Con estos dos circuitos, la clase de registros y *arrays* que hemos comentado, era posible efectuar cinco pruebas simultáneamente, esto es en paralelo, una por cada canal de la cinta. La información era leída con un lector óptico, diseñado en 1942 por Arnold Lynch. Recuérdese que la máquina Lorenz utilizaba el código Baudot, representándose un carácter por una secuencia de 5 bits, esto es por una secuencia en binario compuesta de 5 dígitos, unos y ceros. Pero lo más sorprendente de Colossus era que en cada una de estas pruebas eran realizadas nada más y nada menos que unas 100 operaciones booleanas, combinando entre sí las dos únicas puertas, AND y OR, que incluían sus circuitos. La programación de Colossus era todavía muy primitiva ya que ello se lograba a través de clavijas e interruptores.

Sin embargo, y pese al logro científico–técnico que supuso el diseño y construcción de una máquina de estas características, Colossus no es –en un sentido estricto– un ordenador, ya que no era una máquina de propósito general. Esto es, Colossus *no era una máquina de Turing universal* o lo que de un modo similar se denomina como *Turing–completo*. Sin embargo, y en un sentido estricto, formal, ningún ordenador de los que se ha construido hasta la fecha lo es, ya que para ello requeriría una cantidad ilimitada de memoria, tal como ocurre con la cinta de una máquina de Turing universal. Por el contrario, y en un sentido más laxo del término, un ordenador es una máquina de Turing universal si cumple que es *programable*. Esta propiedad es cumplida por Colossus, aunque no plenamente. Por ejemplo, en la actualidad consideramos programable a un ordenador si éste puede ser programado en lenguajes de propósito general, tales como C o Java. Por consiguiente, Colossus fue como muchas otras máquinas, a las que hemos denominado como pre–ordenadores, una *máquina de cálculo masivo, parcialmente programable* y *no universal* al estar destinada a un *único propósito*.

Pese a algunas de estas limitaciones Colossus representó para Turing un fuerte estímulo, al ser un buen ejemplo de máquina electrónica de gran fiabilidad. Fue por este motivo, en Bletchley Park, donde Turing se planteó la necesidad de estudiar electrónica y la posibilidad de construir una máquina de Turing universal. En el siguiente capítulo veremos cómo utilizando para tal fin los componentes electrónicos de la época, es decir válvulas, Turing fue capaz de diseñar y construir, no sin dificultades, la máquina que años atrás tantas veces había rondado su imaginación: el ordenador.

La primera versión de Colossus, llamada Mark 1, tardó un año en construirse, entrando en servicio en enero de 1944. A esta versión le siguió rápidamente otra mejorada o Mark 2 estando disponible en junio de ese mismo año. A finales de la II Guerra Mundial un total de diez máquinas Mark 2 se encontraban instaladas en Bletchley Park, cada una de ellas ocupando una gran habitación en los sectores F y H. Todas ellas serían destruidas por orden personal de Winston Churchill al finalizar la guerra. Churchill ordenó su destrucción en "piezas no mayores que una mano", quemándose los planos con el diseño y circuitos de Colossus, tarea que fue realizada personalmente por Tommy Flowers con objeto de preservar su diseño como secreto militar. Sin embargo, dos de ellas sobrevivieron, trasladándose a Cheltenham, donde fueron utilizadas durante la Guerra Fría hasta que se ordenó su destrucción en la década de 1960. No fue hasta 1976, concluido el plazo impuesto por la ley de secretos oficiales, cuando el proyecto Colossus vio de nuevo la luz pública tras haber sido ocultado al final de la II Guerra Mundial. Por este motivo, tanto Colossus como sus creadores no fueron incluidos como se merecían en la historia de los ordenadores, considerándose al norteamericano ENIAC, construido en 1946, como el primer ordenador electrónico, algo que afortunadamente ha sido actualmente subsanado.

A principios de la década de los 90, Tony Sale, que con anterioridad había trabajado en el servicio secreto británico, fue nombrado conservador del Museo de Bletchley Park. En 1993 Sale recopiló cuanta información pudo sobre Colossus comenzando en 1994 el proyecto de reconstrucción de una réplica en el mismo sitio que décadas antes había ocupado una máquina Colossus, la número 9. No fue hasta 1996 cuando consiguieron una primera ver-

Puertas

Una puerta *es un circuito electrónico con diodos o transistores en el que la relación entre las entradas al circuito, por ejemplo 0 o 5 voltios, y la salida (0 o 5 voltios), responde a algún operador del álgebra de Boole.*

La puerta AND (puerta Y) es aquella en la que la salida Z será un 1 lógico (5 voltios por ejemplo) si todas las terminales de entrada, A **y** *B, reciben un 1 lógico (5 voltios) simultáneamente. En caso contrario, la salida Z será un 0 lógico (0 voltios) si una o las dos terminales de entrada reciben un 0 lógico. La tabla de verdad es:*

A	***B***	***A AND B***
0	0	0
0	1	0
1	0	0
1	1	1

siendo el circuito con diodos para esta puerta:

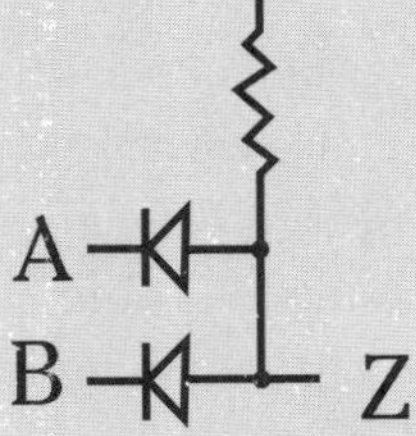

>>

En el caso de la puerta OR (puerta O) la salida Z será un 1 lógico (5 voltios) tanto si una, otra o ambas de las terminales de entrada, A **o** *B, reciben un 1 lógico (5 voltios), siendo la tabla de verdad:*

A	*B*	*A OR B*
0	0	0
0	1	1
1	0	1
1	1	1

y el circuito con diodos de esta puerta:

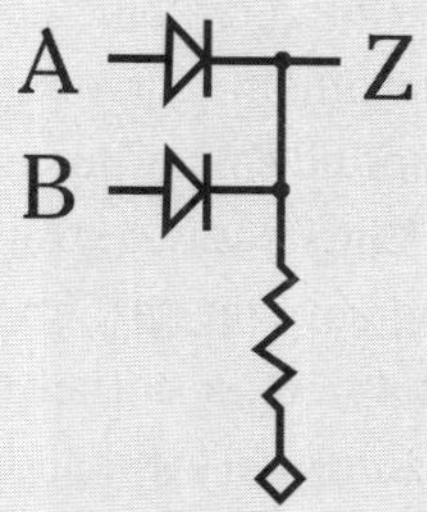

sión que trabajaba con 2 bits en lugar de los 5 con que trabajaba la máquina original. Uno de los principales problemas de su reconstrucción fue el sistema óptico de lectura de la cinta en la que supuestamente se encontraba el mensaje codificado. Precisamente el mismo problema que las máquinas Robinson habían exhibido décadas atrás. Con objeto de que los visitantes del museo comprendieran la complejidad de la lectura de los datos de la cinta, las señales leídas por las fotocélulas eran enviadas a un ordenador personal con un osciloscopio PicoScope ADC–212 mostrando los datos en el monitor del ordenador. Tony Sale concluyó en 2004 la construcción de la réplica de la versión Mark 2 de Colossus, que se encuentra en la actualidad alojada en el Museo de Bletchley Park.

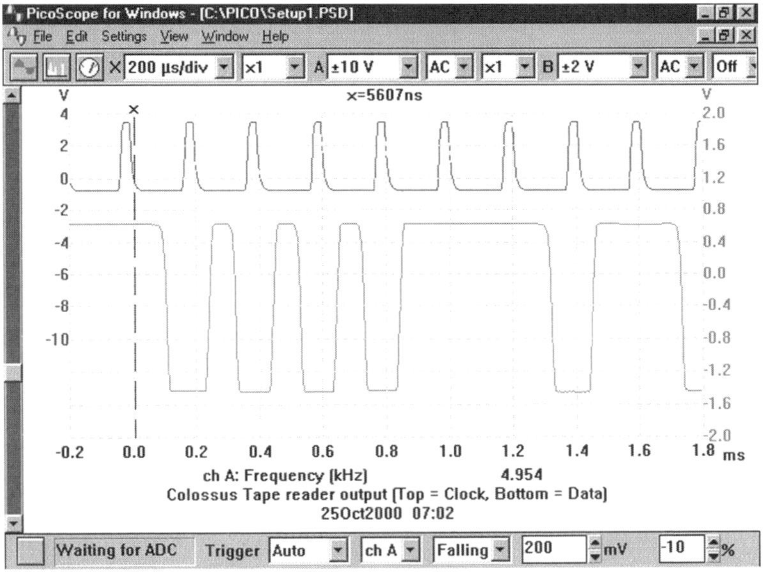

Osciloscopio mostrando los datos leídos en una cinta en la versión reconstruida de Colossus.

Colossus ayudó a preparar el día D, el desembarco de Normandía, acortando notablemente la II Guerra Mundial. Gracias a Colossus los Aliados supieron que Hitler se encontraba defraudado por el curso de la guerra y su sospecha equivocada de que el desembarco espectacular que los Aliados preparaban en Europa tendría lugar por el Paso de Calais, conservando por este motivo los alemanes sus divisiones de tanques Panzer en Bélgica. Después del día D, y por tanto del famoso desembarco de Normandía, los Aliados bombardearon las líneas telefónicas del norte de Francia forzando a los alemanes a usar la radio, por lo que el número de mensajes interceptados aumentó espectacularmente. Al finalizar la guerra, 63 millones de caracteres de mensajes interceptados al alto mando alemán habían sido descifrados con éxito. Esto es una cantidad equivalente a aproximadamente el 2,1% del genoma humano (aproximadamente 3.000.000.000 de letras componen el *texto* del genoma humano), pero de mayor complejidad al barajarse 32 caracteres en el código Baudot (un número superior a los 26 caracteres que utilizaba Enigma y el código Morse) en lugar de los 4 *caracteres* habituales (A, T, G y C) de la molécula de ADN.

Según el biógrafo de Turing, Andrew Hodges, en las fechas en las que tuvo lugar el desembarco de Normandía, y recuperado por parte de los aliados el control sobre el Atlántico, Alan Turing tenía en su cabeza dos ideas realmente importantes. Por un lado, la utilidad real del concepto de máquina de Turing universal como premisa fundamental de los futuros ordenadores, y de otro el potencial de la electrónica –tras el éxito de Colossus– en su fabricación futura.

Alan Turing. La foto probablemente fue tomada durante la II Guerra Mundial.

El 30 de abril de 1945 Hitler se suicidaba en su famoso bunker de Berlín, acabando la Guerra en Europa. En agosto de ese mismo año Estados Unidos lanzaba dos bombas atómicas en las ciudades japonesas de Hiroshima y Nagasaki, acababa así la II Guerra Mundial, pero comenzaba una nueva era: la Era Nuclear y con ella la Guerra Fría. Concluida la guerra, Alan Turing recibió en 1945 la Orden del Imperio Británico (OBE) en reconocimiento a su contribución a la victoria de los Aliados con su trabajo en Bletchley Park. El mito de Turing acababa de nacer.

3 Turing y el ordenador. Historia de los pioneros de la computación (1946-1949)

Concluida la II Guerra Mundial los científicos, técnicos y el resto del personal de Bletchley Park rehicieron sus vidas reintegrándose a la vida civil tras su contribución a la victoria de los Aliados. Como tantos otros, Alan Turing abandonó Bletchley Park recibiendo, dado su prestigio como científico, la invitación del *National Physical Laboratory* (NPL) de Londres para que se encargase del proyecto de diseño de un ordenador. En 1946 el NPL aceptó una primera propuesta o *plan piloto* de un ordenador diseñado por Turing en 1945. Fue precisamente ese año, probablemente entre octubre y diciembre de 1945 –en palabras de Michael Woodger, un ayudante de Turing en el NPL– cuando Turing desarrolló el proyecto titulado *Proposal for Development in the Mathematics Division of an Automatic Computing Engine (ACE)*. En dicho proyecto se describían las características y especificaciones de un ordenador digital electrónico de propósito general, esto es universal en el sentido adoptado en las máquinas de Turing, y con una característica especialmente importante, la posibilidad de almacenar un *programa en memoria*. En este proyecto (Copeland, 2000) Turing detalló los circuitos electrónicos, es decir el *hardware* del ordenador, así como el código máquina de algunos programas e incluso hizo una estimación del coste económico que supondría su construcción.

Turing tenía, por fin, la oportunidad de construir un ordenador trasladando sus ideas teóricas sobre computación al mundo real. Por ejemplo, el concepto de programa en memoria introducido por Turing bajo el término inglés *stored–program* fue uno de los conceptos clave, y pionero, desarrollado en este proyecto. Entre otras ideas importantes destaca la obsesión de Turing por dos características especialmente valoradas hoy en día en los ordenadores, tanto por los profesionales como por el público en general, y en este último caso por los adolescentes aficionados a los videojuegos. Nos referimos a la velocidad de procesamiento y la capacidad de memoria de un ordenador. Cierto es que Turing poseía experiencia suficiente ya que Colossus, aunque no fuera un ordenador electrónico de propósito general, había sido construido durante sus años en Bletchley Park siguiendo en parte sus consejos.

En esta ocasión el ordenador diseñado por Turing recibió el nombre de ACE, abreviatura de *Automatic Computing Engine*, nombre que fue acuñado por John Womersley en homenaje a las máquinas inventadas por el británico Babbage. Curiosamente el diseño de ACE tenía elementos comunes con la arquitectura RISC utilizada por algunos microprocesadores. Eso sí, a nivel *hardware* sus circuitos contenían pocas válvulas electrónicas o tubos de vacío, unos 1.000 en total, siendo por este motivo más fiable, al reducirse el riesgo de que éste detuviera su funcionamiento al fundirse una o más válvulas accidentalmente. Además su memoria, basada en lo que se conoce como *líneas de mercurio*, exhibía para la época una alta velocidad de acceso y, lo que es más espectacular, su capacidad de almacenamiento era muy similar a la de los primeros ordenadores Macintosh de la empresa Apple. El almacenamiento en memoria de las instrucciones de un programa tenía lugar por la técnica conocida como *método de dos direcciones*, esto es una instrucción contenía tanto la posición o dirección de memoria en la que se encontraba almacenada como la dirección de la siguiente instrucción a almacenar.

Sin embargo, su construcción fue tan lenta que hasta el 10 de mayo de 1950 no fue posible ejecutar un programa en la primera versión de ACE, a la que se bautizó como Pilot Model ACE. Se trataba del primer ordenador con la peculiaridad de poder almacenar un programa en memoria. ACE fue construido por Wilkinson, Newman y Woodger, entre otros, según el diseño de Turing, contando con el mérito adicional de ser el primer ordenador instalado en la ciudad de Londres y el tercero del Reino Unido. Su construcción durante la posguerra, y sobre todo su puesta en marcha, causó tanto entusiasmo y admiración entre el público británico que el periódico *The London Times*, en un artículo publicado el 30 de noviembre de 1950, llegó a decir sobre el ordenador diseñado por Turing: "En un cuarto de hora puede hacer un cálculo que hecho a mano (si es que fuera posible) llenaría medio millón de hojas de papel". Otra de las curiosidades que hoy conocemos sobre esta apasionante historia es que alguien del NPL llegó a pensar que con sólo tres ordenadores de estas características sería suficiente para "satisfacer las necesidades de computación" de todo el Reino Unido.

Lamentablemente para el NPL, en 1950 Turing ya había abandonado sus instalaciones y se había trasladado en 1948 a la Universidad de Manchester. El ACE fue durante una época el ordenador más veloz del mundo ¡ya que era capaz de funcionar a la increíble velocidad de 1 MHz! todo un record para la época. De este modelo derivó una versión comercial a la que se denominó DEUCE, construido por la *English Electric Company*, del que llegaron a venderse unas treinta unidades. Otros descendientes de Pilot Model ACE fueron el ordenador Bendix G15, hoy catalogado como el primer ordenador personal del mundo, y MOSAIC que fue utilizado por el Reino Unido durante la Guerra Fría. El Bendix G15 fue diseñado por Harry Huskey en la Universidad de Wayne, en Detroit (Estados Unidos), inspirándose en los principios utilizados por Turing en su ordenador, y llegaron a venderse en todo el mundo unas cuatrocientas unidades.

Aún a principios de los años 60 todavía hubo fabricantes de ordenadores que construyeron sus máquinas según las especificaciones del ordenador de Turing, tal es el caso del Packard–Bell PB250, otro de los descendientes de Pilot Model ACE. Tanto DEUCE como Bendix estuvieron en activo hasta principios de los años 70. El enfoque adoptado por Turing en su ordenador era distinto del que adoptarían los diseños desarrollados en Estados Unidos. La estrategia adoptada por Turing consistía en que el ordenador realizase las tareas principales, por ejemplo las operaciones aritméticas elementales, por medio de programas almacenados en la máquina. De esta manera un mismo ordenador podía, si se desarrollaba el correspondiente *software*, y por tanto los módulos o subrutinas correspondientes, jugar al ajedrez, hacer cálculos o descifrar un mensaje que hubiera sido codificado previamente. Por el contrario, los norteamericanos delegaban la responsabilidad de estas tareas a circuitos electrónicos diseñados con esta finalidad. En otras palabras, los británicos, con Turing a la cabeza, delegaban las funciones elementales del ordenador haciendo más hincapié en el *software* mientras que los norteamericanos delegaban tales tareas en el *hardware*.

Pilot Model ACE, el ordenador en cuyo diseño participó Alan Turing, el día que fue enseñado a la prensa en diciembre de 1950. Parte de él se conserva en la actualidad en el Museo de la Ciencia de Londres.

Esto fue así porque Turing se mostró siempre fascinado por la programación, desarrollando en 1947 un lenguaje de programación al que denominó *Abbreviated Code Instructions*. Su fascinación por escribir *código* pudo ser consecuencia del concepto de máquina de Turing universal que él mismo había introducido años atrás.

Alan Turing dimitió del NPL en 1948 y se trasladó a la Universidad de Manchester al recibir la invitación de Max Newman para incorporarse a ella. Max Newman había estudiado en la Universidad de Cambridge, y además, como científico de Bletchley Park, había sido uno de los responsables del diseño y construcción de Colossus. Por tanto, y tras haber coincidido en ambas instituciones, Newman era un perfecto conocedor del ingenio y talento de Turing.

Maxwell Newman

Turing conoció a Newman en un curso impartido en Cambridge en 1935, a partir del que Turing se inspiró para desarrollar el trabajo sobre su célebre máquina. En 1945 Newman fue nombrado catedrático de matemáticas puras en la Universidad de Manchester y entre sus objetivos se encontraba el de crear un nuevo departamento en el que se aprovechara la experiencia y conocimientos adquiridos en Bletchley Park con el fin de diseñar y construir ordenadores. Las máquinas serían construidas con fines científicos, por ejemplo para ser utilizadas en álgebra y topología, y no militares. Con tal fin, Newman recibió el patrocinio de la *Royal Society*, en total unas 35.000 libras de la época, que dieron lugar al nacimiento del *Royal Society Computing Machine Laboratory* en la Universidad de Manchester. En dicho departamento, fruto de la inquietud de Newman, se esperaba que Turing dirigiera los aspectos matemáticos, y por tanto formales, de la computación. Por ejemplo, de él se esperaba que diseñara las subrutinas que más tarde serían utilizadas por los programas para resolver problemas de análisis numérico para los que allí se iba a diseñar y construir el ordenador apropiado.

Antes de incorporarse a la Universidad de Manchester, Alan Turing estuvo en la Universidad de Cambridge durante el curso académico 1947–48. En ese curso Turing se sintió especialmente polifacético interesándose tanto por los ordenadores y la programación como por la psicología y la biología, poniendo un especial interés en la neurofisiología. De su interés por la biología y la psicología nacería años más tarde la *inteligencia artificial*. También volvió a ser el atleta que había sido años atrás, y como miembro del *Walton Athletic Club* ganó un campeonato en las modalidades de 10 y 3 millas respectivamente, pruebas que venció en un tiempo record. También quedó en un digno quinto puesto en maratón en los campeonatos ingleses de 1947 (los tres primeros se suelen clasificar para los Juegos Olímpicos). Su mejor tiempo fue de 2 horas, 46 minutos y 3 segundos, sólo 11 minutos más que el campeón en la maratón de los Juegos Olímpicos de 1948. De hecho su nombre figuró como candidato, aunque no llegara a formar parte del equipo británico en dichos juegos. Al parecer, según su biógrafo Andrew Hodges, en esta época mantuvo una relación sentimental con Neville Johnson, un estudiante de matemáticas del King´s College de Cambridge. Tal vez se tratara de un año en el que Turing se relajó mental y físicamente, un año sabático, lo que resultó perfecto antes de su incorporación a la Universidad de Manchester.

Una vez en la Universidad de Manchester, Alan Turing se incorporó al Laboratorio fundado por Max Newman. En dicho lugar iba a tener lugar el nacimiento de otro prodigio de la computación, un ordenador al que inicialmente bautizaron como Manchester *Baby* y que más tarde fue conocido popularmente como MADAM (abreviatura de Manchester Automatic Digital Machine, Máquina Digital Automática de Manchester) y al que oficialmente se llamó Manchester Mark I. Este ordenador fue construido por los ingenieros

Alan Turing, atleta.

F. C. Williams y T. Kilburn y entró en servicio el 21 de junio de 1948. Uno de sus hitos tecnológicos es que era capaz de almacenar en su memoria principal, un tubo de rayos catódicos, un programa con tan sólo 17 instrucciones, pero suficiente en un principio. Por aquel entonces uno de los grandes problemas por resolver en el diseño de ordenadores era la puesta a punto de un sistema eficiente de almacenamiento, esto es el diseño y construcción de un *sistema de memoria*.

La gran idea vino del ingenio e imaginación de F. C. Williams, un experto en radar, quien propuso almacenar la información como puntos en una pantalla. Curiosamente la idea surgió, según una entrevista realizada a Williams en 1976, de su temor a quedarse sin trabajo como especialista en radar una vez concluida la II Guerra Mundial. Durante la guerra y más tarde en la posguerra es cuando matemáticos e ingenieros dieron conjuntamente los primeros pasos en el diseño y construcción de ordenadores. En este periodo inicial hubo un problema crucial que debió resolverse para que los ordenadores fueran realmente eficientes: el almacenamiento y construcción de una memoria principal. Aunque la idea de una memoria en la que almacenar temporalmente el programa a procesar ya había sido formulada por Turing años atrás, en 1936, su diseño y construcción a nivel de *hardware* estaba aún por resolver. Parece ser que durante la construcción de Colossus, Max Newman había planteado este problema a Tommy Flowers, pero según parece (Copeland, 2000) Flowers no mostró mucho interés en las ideas de Turing sobre el concepto de memoria. Por tanto, el problema siguió sin respuesta hasta que Williams y Kilburn fueron capaces de resolverlo brillantemente.

Para ello Williams se preguntó ¿es posible almacenar información en un tubo de rayos catódicos, similar o parecido al de un aparato de TV? Así fue como nació el *tubo de Williams* el primer sistema de *memoria principal* en el que los programas a ser procesados en el ordenador eran temporalmente almacenados de una manera similar a como los ordenadores actuales lo hacen en la memoria RAM. El dispositivo en cuestión era un tubo de rayos catódicos en el que los dígitos binarios 0 y 1 eran grabados como puntos y barras verticales, respectivamente. El dispositivo de memoria de Williams permitió que el Manchester Mark I estuviera listo para trabajar en junio de 1948 almacenando 1.024 bits. Nada más y nada menos que 128 bytes de memoria, que equivaldrían a 128 caracteres en un ordenador actual, pero almacenados en un tubo de rayos catódicos. Uno de estos dispositivos llegó a tener una capacidad de memoria de 2.560 dígitos (Kilburn, 1949), una cantidad de memoria nada despreciable para la época. Este sistema electrónico de almacenamiento era complementado por otro, un sistema magnético de memoria o tambor cuya función era similar a la de un *disco duro* actual, y que desempeñaba la función de *memoria auxiliar*.

Entre los avances desarrollados en la Universidad de Manchester se encontraba la idea de usar memorias temporales o *acumuladores*, esto es *lugares* o *houses* (término, este último, utilizado por Newman) en los que almacenar los datos (operandos), los operadores y los resultados de las operaciones. Por ejemplo, los operandos 3, 2, el operador + y el resultado de la suma, 5, eran almacenados temporalmente en tales acumuladores. Era una idea que vio la luz en la Universidad de Manchester (Newman, 1948) pero que ya había sido propuesta por Turing y, en el siglo XIX, por el también británico Babbage.

En un artículo publicado en la prestigiosa revista científica *Nature,* Kilburn describió las características generales del ordenador Manchester Mark I (Kilburn, 1949) construido en la Universidad de Manchester. Su lectura detallada resulta realmente interesante ya que el lenguaje y los procedimientos que allí se describen son todavía familiares y, por tanto, cotidianos en los ordenadores actuales. Por ejemplo, la idea por la que la solución o algoritmo de un problema es representada por un programa, que no es otra cosa que un conjunto de instrucciones que representan operaciones sencillas que el ordenador puede realizar, es una idea con plena vigencia en los ordenadores que hoy manejamos. Otra idea interesante comentada por Kilburn y que también resulta familiar hoy en día es que la velocidad a la que se obtiene la solución depende de los circuitos electrónicos, y, por tanto, del *hardware* del ordenador.

Uno de los logros de este equipo de científicos de la Universidad de Manchester es que los ordenadores, al estar dotados de memoria principal, una vez que ésta almacena el programa y los datos, ya no requieren de ayuda humana en ninguna fase de la computación. Se elimina así la intervención humana, obteniéndose por tanto la solución de manera completamente autónoma. El ordenador descrito en este artículo utiliza el sistema de numeración binario, 0 y 1, como los ordenadores actuales, por la sencillez que supone la representación de los dígitos 0 y 1 mediante circuitos electrónicos. Por ejemplo 0 como 0 voltios y 1 como 5 voltios, aunque en el ordenador descrito por Kilburn el 1 es representado como un voltaje negativo. Entre otras ideas interesantes, aunque ésta ya había sido introducida con anterioridad por el propio Turing, destaca la representación de las instrucciones de un programa, por ejemplo el operador suma +, en binario, de forma similar a un número. Esto es, 10111 puede representar una operación, por ejemplo, sumar; mientras que 10101 representa a un número, en este caso al número 21 en sistema de numeración decimal. En otras palabras, instrucciones y números difieren únicamente en el modo en que son utilizados por el ordenador. Las instrucciones son convertidas de su forma *dinámica*, como la secuencia 10111 que, por ejemplo, significa sumar, a una forma *estática* por un conjunto de circuitos a los que se denomina *staticisor*. Una vez que dicho circuito efectúa la conversión, el significado de la forma estática que representa a la instrucción sumar es interpretado de un modo similar a como lo hace la *unidad de control* de los actuales microprocesadores. Los datos almacenados en la memoria sobre los que se efectuará dicha operación, esto es la suma, son transferidos finalmente al circuito electrónico que realizará la operación en cuestión, en este caso la suma de los datos. El ordenador era capaz de sumar, restar, multiplicar, realizar ciertas operaciones lógicas, requiriéndose un subprograma para la división. Curiosamente muchos de los circuitos utilizados estaban basados en otros similares utilizados en el radar.

Otra de las ideas actuales que manejaban ya entonces los ingenieros de la Universidad de Manchester era la de *dirección de memoria*, es decir la identificación de un *hueco* o lugar de la memoria a través de un número o dirección cuyo valor es independiente del contenido o información almacenada, guardando únicamente relación con la posición de dicho *hueco* en la memoria. La utilización de acumuladores y de un sistema de control para el procesamiento ordenado de las instrucciones del programa, así como el uso de direcciones de memoria, o la distinción entre memoria principal (tubo de Williams) y auxiliar (tambor magnético), son conceptos que heredarán los ordenadores actuales.

Los ordenadores diseñados en el laboratorio que fundó Max Newman fueron utilizados con éxito en el tratamiento de problemas científicos y técnicos del mundo real. Estos problemas iban desde el tratamiento de ecuaciones diferenciales y álgebra de matrices en problemas prácticos procedentes de ámbitos tan variados como la biología, la industria aeronáutica, la industria del algodón, o la distribución de electricidad, hasta problemas específicos cuya solución se basaba en otros formalismos tales como el diseño de sistema ópticos, el análisis de Fourier en cristalografía, o la resolución de problemas de ajedrez, entre otras muchas aplicaciones.

En marzo de 1948 Max Newman ofreció a Turing un puesto para que se incorporase a su equipo de investigación, y Alan Turing respondió rápidamente a dicha oferta abandonando el NPL en mayo para incorporarse a la Universidad de Manchester en calidad de director asociado del *Royal Society Computing Machine Laboratory*, ya que allí se hacían progresos más rápidamente que en los laboratorios del NPL. Pero lo más importante para Turing era el logro que como científico suponía el poder participar en un proyecto en el que pudiera llevar a la práctica con éxito lo que años atrás había soñado, la construcción de una máquina de

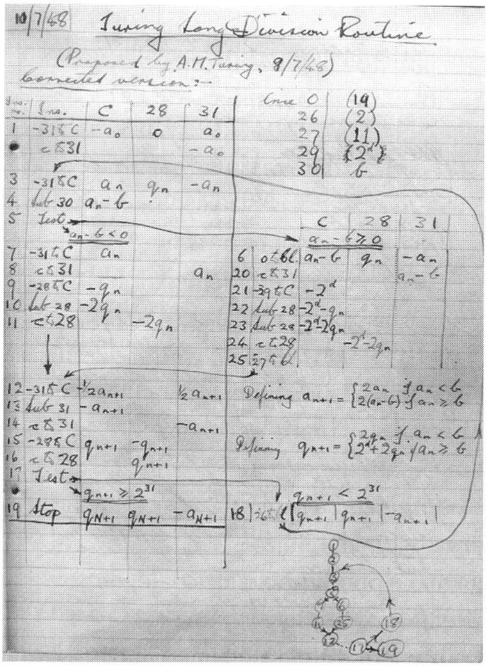

Página del libro de notas de Geoffrey C. Tootill, un ingeniero eléctrico que trabajaba en el laboratorio de Manchester. En la página se reproduce la anotación del 11 de julio de 1948 que corresponde a la subrutina para la división larga propuesta por Turing el 8 de julio del mismo año.

Turing universal, es decir de un ordenador. Alan Turing se dedicó al *software* responsable del funcionamiento del ordenador. Como curiosidad, y según su biógrafo Andrew Hodges, Alan Turing estuvo rodeado de mujeres, en particular Cicely Popplewell y Audrey Bates, sus principales ayudantes en el diseño de los programas. En 1950 un *Manual de programación* se encontraba ya listo y preparado para ser utilizado por los usuarios del Manchester Mark I. A partir de este ordenador se desarrolló una versión comercial con mayores prestaciones y el sistema de programación desarrollado por Turing. Este modelo de ordenador fue bautizado como Ferranti Mark I, instalándose en 1951 el primero de ellos en la propia Universidad de Manchester. Unos diez ordenadores Ferranti Mark I fueron vendidos entre Canadá, Holanda, Italia y el Reino Unido.

Una de las cuestiones más polémicas para los historiadores de la computación ha sido el establecer de quién fue el mérito de los éxitos de la Universidad de Manchester, lugar en el que se construyó el primer sistema eficiente de memoria principal. Para unos el éxito de *Baby* y de su hermano mayor Ferranti Mark I fue obra del talento de los *matemáticos* Newman y Turing –dos viejos conocidos–, para otros, de los *ingenieros* Williams y Kilburn. No obstante, nuestra opinión es que lo razonable es pensar que tal éxito se debiera o fuera resultado del trabajo en equipo de todos ellos. Confirmando esta opinión, en 1975 el propio Williams afirmó:

"Tom Kilburn y yo no sabíamos nada de ordenadores, pero mucho sobre circuitos. El catedrático Newman y el señor A. M. Turing... sabían muchísimo de ordenadores y nada acerca de electrónica" (Williams, 1975).

Sin lugar a dudas, podemos concluir que el Reino Unido llegó a ser después de la II Guerra Mundial el país más avanzado del mundo en el diseño y construcción de ordenadores. Si consideramos éxitos tales como el ordenador Pilot Model ACE diseñado por Turing en el NPL o los ordenadores *Baby* y Ferranti Mark I de la

Universidad de Manchester, cabría preguntarse ¿cuál fue el impacto científico y comercial de estos ordenadores pioneros y de sus descendientes? Si los científicos de la Universidad de Manchester, herederos de la experiencia acumulada en Bletchley Park con Colossus, desarrollaron e introdujeron algunos de los dispositivos e ideas esenciales que utilizarían más tarde los ordenadores ¿por qué *perdió* Reino Unido el protagonismo en computación frente a su fiel aliado y país amigo por excelencia, Estados Unidos? Según el biógrafo de Turing, Andrew Hodges, una de las razones que explicaría porque los británicos perdieron tras la II Guerra Mundial el liderazgo estaría en los días en los que dio inicio la Guerra Fría. Si bien es cierto que los británicos estaban a la cabeza del diseño de ordenadores, había algo de lo que carecían y que el gobierno británico buscaba desesperadamente: la bomba atómica. Tras su lanzamiento el 6 y el 9 de agosto de 1945 por Estados Unidos en las ciudades japonesas de Hiroshima y Nagasaki, y el advenimiento de una nueva potencia, la desaparecida Unión Soviética, la adquisición por parte del Reino Unido de dicha arma se convirtió en una necesidad urgente. En 1946 en Estados Unidos, la ley McMahon dejaba de lado a los británicos en cualquier aspecto que significara cooperación entre ambos países en tan delicado asunto. A finales de 1948 los británicos decidieron acometer su propio programa de desarrollo de armamento nuclear, necesitando ordenadores para realizar los cálculos necesarios. Los Ferranti Mark I dejaron de hacer cálculos científicos para orientar su actividad principal a los cálculos militares. Las prioridades científicas de Max Newman, y con él posiblemente, podríamos añadir, las de toda una generación de soñadores, fueron simplemente olvidadas. Iba a dar comienzo una nueva era en la historia de la computación, la era en la que los Estados Unidos adquirirían todo el protagonismo, no sólo tecnológico sino también industrial. En 1949, los británicos, escarmentados de su *pésima* relación con Estados Unidos, aceptaron las ideas de John von Neumann y de su célebre informe sobre la organización lógico–funcional de un ordenador: nacía así el EDSAC, abreviatura de *Electronic Delay Storage Auto-*

matic Computer. El EDSAC, desarrollado por Maurice Wilkes, un físico de Cambridge, sería en la Universidad de Manchester el rival británico del célebre EDVAC, descendiente de ENIAC, ambos desarrollados en la Universidad de Pensilvania, Estados Unidos. Se trató del primer ordenador británico de propósito general y con memoria que gracias a sus 3.000 válvulas podía realizar sumas en 1,4 milisegundos. Tal máquina era realmente programable al estilo de los ordenadores actuales a través de subrutinas. De hecho era posible resolver integrales por métodos numéricos e incluso ecuaciones diferenciales no lineales, como una que propuso a EDSAC el célebre estadístico R. A. Fisher. Gracias a EDSAC los británicos recuperaron su orgullo, aunque sólo fuera momentáneamente. No obstante la realidad fue otra, ya que Estados Unidos sustituiría, como de hecho ha ocurrido, a los británicos en el diseño y fabricación de ordenadores. El Reino Unido perdía así el lugar que por su contribución científico–técnica le hubiera correspondido en tan apasionante historia.

ENIAC ¿el *amigo* americano?

En febrero de 1946 vio la luz ENIAC, abreviatura de Electronic Numerical Integrator and Computer, el primer ordenador Turing–completo, esto es programable en un sentido similar al de los ordenadores actuales. Diseñado por J. Presper Eckert y J. William Mauchly de la Universidad de Pensilvania, Estados Unidos, ENIAC fue desarrollado y construido bajo los auspicios del ejército norteamericano bajo el nombre de Proyecto PX. La tarea principal para la que fue construido era la realización de cálculos balísticos, siendo su destino final el Laboratorio de Investigación Balística. Para los estándares actuales, se trataba de un auténtico *mastodonte* que ocupaba 167 m^2, pesaba unas 27 toneladas y albergaba cerca de 18.000 válvulas, por lo que no era raro que su actividad se viera interrumpida debido a que una o más válvulas se fundieran accidentalmente. La solución adoptada, similar a lo que actualmente se hace con los servidores de páginas *web*, aunque en estos últimos el motivo sea dar servicio, consistió en que una vez que ENIAC entraba en servicio, esto es que era *encendido*, no se volvía a *apagar* salvo que fuera necesario. Sin embargo, este método tampoco era la panacea: el mejor comportamiento de la máquina se consiguió en una ocasión en que ENIAC fue capaz de funcionar cinco días consecutivos sin sufrir una sola avería. Curiosamente, su capacidad de cálculo era similar a la que años más tarde, en 2004, se lograba con un simple microchip. No obstante, y pese a la publicidad que tuvo en su momento, algunas características –por ejemplo no era posible albergar un programa en memoria al carecer de memoria principal– lo alejaban de otros diseños o arquitecturas más próximas a las actuales como los británicos *Baby* y Ferranti Mark I de la Universidad de Manchester. Por ejemplo, ENIAC realizaba las operaciones aritméticas en sistema de numeración decimal, tal y como hacemos los seres humanos, y no en sistema de numeración binario, el sistema de numeración característico de los ordenadores. Además, el mecanismo utilizado por ENIAC para realizar cálculos tan sencillos como una simple suma era un tanto elemental, ya que simulaba electrónicamente a las antiguas calculadoras mecánicas basadas en sistemas de ruedas y engranajes. Tal simulación era posible gracias a un sistema de *anillos contadores* diseñados a partir de varios circuitos flip–flop conectados entre sí.

Otro ejemplo de su primitivismo era el uso de una *matriz de resistencias* para efectuar, en la llamada unidad multiplicadora, las multiplicaciones. Más aún, el método con el que se programaba resultaba especialmente tedioso ya que requería conectar entre sí con cables distintas *unidades* del ordenador, lo que implicaba configurar y conectar unos 6.000 interruptores y varios cientos de cables. Con la ayuda de un sistema de *acumuladores*, donde cada acumulador representaba a una *máquina sumadora* capaz de almacenar los resultados de sus operaciones, ENIAC podía realizar unas 5.000 sumas o restas sencillas por segundo. Asimismo, y utilizando estos acumuladores, era capaz de realizar 385 multiplicaciones por segundo, 40 divisiones por segundo y 3 raíces cuadradas por segundo. En cada una de estas operaciones los acumuladores estaban bajo el control de las *unidades multiplicadora, divisora* y de *raíz cuadrada,* a las que se añadían otras nueve unidades, de cuya conexión entre sí, a través de cables, resultaba el *programa* que se ejecutaba en el ordenador. Así por ejemplo, con una de estas unidades, la denominada *master programmer* era posible programar tareas repetitivas o *bucles* al estilo actual del célebre bucle FOR–TO. Otro ejemplo era el modo en el que los ingenieros y matemáticos descubrieron cómo programar *expresiones condicionales* al estilo de las expresiones IF–THEN. El procesamiento de bifurcaciones o expresiones condicionales se lograba a partir de la conexión entre la línea o *bus de datos* de un acumulador y la línea o *bus de control* de otro.

Un hecho destacable de ENIAC era la posibilidad de realizar cálculos en paralelo, ya que tales unidades podían trabajar simultáneamente. A partir de esta máquina y de sus numerosos problemas, en particular el de su programación y la ausencia de memoria principal, y también de algunos de sus aciertos; como el de ser el primer ordenador capaz de procesar expresiones condicionales similares a la actual sentencia IF–THEN, o la implementación de las puertas AND y OR con circuitos electrónicos a base de válvulas; los científicos norteamericanos aprendieron muchas cosas nuevas de las que más tarde se beneficiaron los ordenadores actuales. Por ejemplo, en 1948 se utilizó algo parecido a las actuales memorias ROM, diseñándose un dispositivo de memoria de sólo lectura, dispositivo que fue propuesto por John von Neumann y que fue probado con éxito en el ENIAC.

En 1944 John von Neumann se incorporó al grupo que diseñó y construyó ENIAC. Durante años Von Neumann se mantuvo realmente interesado en el trabajo que Turing había desarrollado años antes (y publicado en 1936) en el que introducía el concepto de máquina de Turing universal. Además, Von Neumann pensaba que los ordenadores deberían ser capaces de *modificar un programa*

ENIAC

durante su ejecución. Con esta propiedad, Von Neumann se refería a lo que actualmente traduciríamos como la capacidad de un programa de ejecutar tareas repetitivas o bucles así como de manejar bifurcaciones o expresiones condicionales con las que se controle el flujo de datos en respuesta a la veracidad de una cierta condición. En la actualidad los ordenadores disfrutan de esta capacidad y los lenguajes de programación incorporan expresiones repetitivas o bucles, por ejemplo FOR–TO o WHILE–DO, o expresiones condicionales, tales como IF–THEN o IF–THEN–ELSE, entre otras.

Las dificultades para programar el ENIAC alejaban a este prototipo de la flexibilidad requerida en un ordenador. Por un lado, su programación era un tanto dificultosa ya que requería la conexión de numerosos cables, configuración de interruptores, etc. De otro, no era posible almacenar el programa obtenido en una memoria principal al estilo de la memoria conseguida con el tubo de Williams en los ordenadores de la Universidad de Manchester. Las propuestas de John von Neumann se materializarían años después en otros ordenadores que serían los sucesores de ENIAC, tal es el caso de EDVAC (Electronic Discrete Variable Automatic Computer) y ORDVAC. La importancia del ordenador ORDVAC está en que fue el primero de la historia que contó con un *compilador* para el lenguaje en que se programaba esta máquina, el lenguaje FORAST. Por consiguiente, era posible programar ORDVAC al estilo actual de los ordenadores. En primer lugar, se escribía un programa en un lenguaje, FORAST, próximo al lenguaje humano, obteniéndose el llamado código fuente. En segundo lugar, el código fuente era traducido con un programa traductor, el compilador, a un lenguaje próximo al *hardware* del ordenador, conociéndose el programa resultante con el nombre de código máquina.

Las ideas de Von Neumann fueron publicadas en 1945 en un célebre informe de 101 páginas titulado *First Draft of a Report on the EDVAC* (*Primer borrador de un informe sobre el EDVAC*). Con este informe, parecido al elaborado por Alan Turing sobre su ordenador ACE, nacía lo que se denominó como *arquitectura de Von Neumann*. Con dicha arquitectura había nacido uno de los pilares fundamentales de la computación actual, esto es, el modo lógico–funcional en el que se organizan los componentes electrónicos, principalmente el microprocesador y la memoria principal, de un ordenador. Gracias a la arquitectura de Von Neumann se establecía el fundamento teórico y las bases técnicas que desde entonces han sido el modelo acerca de cómo un ordenador debía ser construido. Es a partir de la publicación de este informe cuando el diseño y construcción de ordenadores abandona su era pionera, prácticamente artesanal, y se adentra en la época actual.

Desde un punto de vista histórico, Eckert y Mauchly, inventores de ENIAC, no parecieron sentirse muy felices con que Von Neumann se apoderara de las ideas desarrollados por ellos ¿quiénes serían los dueños de la patente?, ¿ellos o Von Neumann? En 1947 Eckert y Mauchly solicitaron la patente pero ésta no les sería concedida hasta 1964 tras una serie de litigios interminables entre Eckert y Mauchly, Von Neumann y la *Moore School of Electrical Engineering*, donde se había diseñado ENIAC en la Universidad de Pensilvania; disputa a la que se incorporó más tarde la incipiente industria norteamericana de ordenadores, en particular IBM, Honeywell, Sperry Rand... La cuestión en litigio, y por tanto los derechos de su explotación comercial, se resumía en la pregunta ¿quién había inventado el ordenador? Una anécdota: en 1972 un magistrado estadounidense, el juez Larson, concluyó, tras haberse elaborado un informe de unos 40.000 documentos, incluido el célebre *First Draft...* de John von Neumann, que el inventor del ordenador era John V. Atanasoff. Pero ¿quién era Atanasoff? ¿quién después de tantos años de agrias disputas podía llevarse tan insigne título? ¿quién a fin de cuentas era tan oscuro personaje?

John von Neumann, artífice de la arquitectura de los ordenadores actuales, homenajeado en un sello de correos de EE.UU. de 2005.

Obviamente, en este ambiente de litigio y disputa por la autoría de la invención del ordenador los norteamericanos no consideraban los logros de sus colegas británicos ¡no faltaba más que incluir a los europeos! Incluso actualmente, parece haber una tendencia a no considerar a los británicos como artífices y pioneros del diseño de ordenadores. Parece haber dudas de que, pese a la relación desde 1936 hasta 1938 entre John von Neumann y Alan Turing durante la estancia de este último en Princeton (Estados Unidos), Von Neumann se inspirase en la máquina universal de Turing para desarrollar su célebre arquitectura de ordenador (Díaz, 2005). No obstante, y pese a esta anécdota sobre la autoría del ordenador en la que John von Neumann aparece siempre en el centro de la polémica, lo cierto es que este científico contribuyó a extender por todo el mundo su arquitectura de ordenador, imponiéndose finalmente en las empresas de ordenadores. Su éxito se debió en parte al tiempo que dedicó a difundir su modelo de ordenador impartiendo conferencias y asesorando a instituciones, mientras que otros perdían el tiempo en litigios y discusiones.

La arquitectura de un ordenador

El término arquitectura *aplicado a un ordenador hace referencia a su diseño lógico o estructura lógica, sin tener en cuenta cuáles son los componentes electrónicos, que definen la estructura física o* hardware *del ordenador, que obviamente será la representación material de su estructura lógica. En otras palabras, la arquitectura de un ordenador no es más que un término que expresa o es análogo a lo que denominaríamos como modelo de computación. En 1945 John von Neumann introdujo en el informe* First Draft of a Report on the EDVAC *una clase de arquitectura a la que desde entonces se conoce como* arquitectura de Von Neumann. *Se trata de un modelo de ordenador en el que el diseño lógico es tal que la memoria principal, por ejemplo en la actualidad la memoria RAM (incluida también la memoria ROM), almacena tanto los datos como las instrucciones del programa que procesarán dichos datos. Además esta arquitectura asume que la memoria principal y el microprocesador se encuentran físicamente separados. Por consiguiente su separación implicará que tanto los datos como las instrucciones deberán viajar desde la memoria principal hasta el microprocesador, o los resultados de las operaciones desde el microprocesador hasta la memoria, a través de unas vías de comunicación llamadas* buses. *En la arquitectura de Von Neumann un ordenador consta de los siguientes elementos:*

- *Un dispositivo de entrada de datos o* input *(por ejemplo, un teclado).*

- *Un dispositivo de salida de resultados u* output *(por ejemplo, un monitor).*

•*Una* unidad aritmético–lógica *o UAL, que es el dispositivo en el que tienen lugar las operaciones aritméticas (sumar, restar, multiplicar y dividir) así como lógicas (comparaciones tales como A > B, el tratamiento de bifurcaciones o expresiones condicionales como IF–THEN o IF–THEN–ELSE, y tareas repetitivas o bucles como FOR–TO o WHILE DO, entre otras).*

•*Una* unidad de control *que regule el procesamiento de las instrucciones secuencialmente, es decir una tras otra, tal y como se encuentren en el programa almacenado en la memoria principal, esto es en la memoria RAM. Además, deberá interpretar el significado de una instrucción comunicándole a la UAL la operación que deberá realizar, utilizando la UAL para tal fin el circuito digital apropiado.*

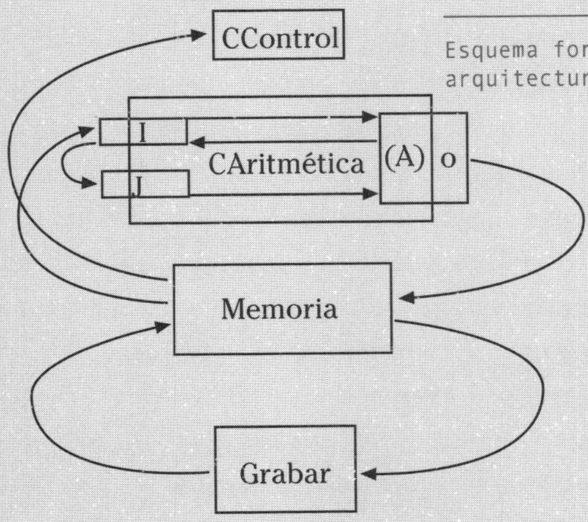

Esquema formal de la arquitectura de Von Neumann.

+ $A \Leftarrow I + J$
- $A \Leftarrow I - J$
* $A \Leftarrow A + I*J$
/ $A \Leftarrow I/J$
i $A \Leftarrow I$
j $A \Leftarrow J$
s $A \Leftarrow (A>=0?:J)$

En la actualidad, la unidad de control y la unidad aritmético–lógica se encuentran reunidas en el interior del microprocesador, ya sea éste de las marcas Intel, AMD o cualquier otra. A su vez, la unidad de control tiene asociado un registro contador o puntero de instrucciones, que es una memoria local dentro del microprocesador, en donde se anota la dirección de memoria de

>>

la siguiente instrucción a procesar. Gracias a este registro el microprocesador conoce la posición o celdilla de la memoria RAM en donde se encuentra una instrucción. Una vez que una cierta instrucción ha sido procesada, este registro incrementa su valor en una unidad, excepto cuando se trata de tareas repetitivas como bucles o de bifurcaciones o expresiones condicionales. De un modo similar, la UAL tiene asociados varios registros en los que anota temporalmente los datos con los que opera y los resultados de las operaciones, y a los que se denomina registros acumuladores. Finalmente, y en lo que respecta a los buses, esto es a las vías de comunicación que relacionan entre sí el microprocesador y la memoria principal, dos son los más importantes: el bus de datos, responsable de la transferencia de datos e instrucciones desde la memoria principal y el microprocesador, y el bus de direcciones, responsable de la lectura de la dirección de memoria, número que expresa el lugar o celda en la que se encuentra un dato o una instrucción.

Esquema *práctico* de la arquitectura de Von Neumann.

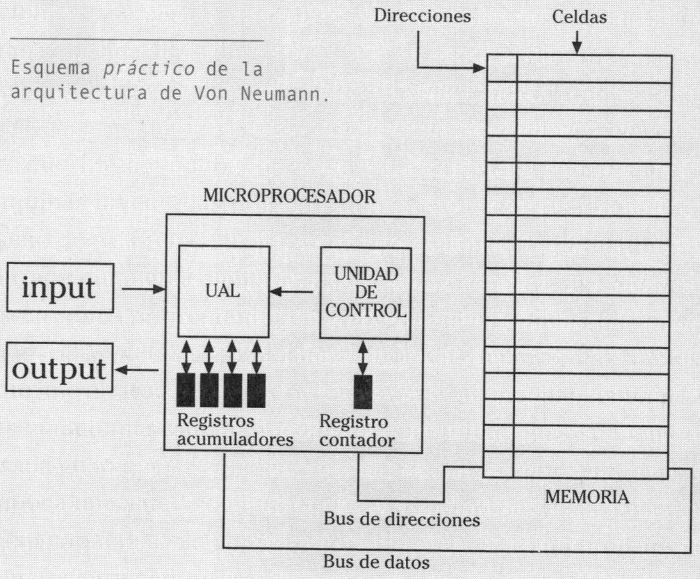

La gran desventaja de esta arquitectura es la tasa de transferencia de los datos, esto es, el tiempo que el microprocesador debe esperar hasta que recibe los datos desde la memoria principal. Si consideramos que a medida que transcurren los años la memoria tiene mayor capacidad y los microprocesadores trabajan a mayor velocidad, más notorio se hace este problema al que se conoce desde 1977 con el nombre, acuñado por John Backus, de cuello de botella de Von Neumann. *Los efectos perjudiciales de este problema en la velocidad de procesamiento de los ordenadores han sido compensados con algunos avances como la* memoria caché, *ubicada originalmente entre la memoria principal y el microprocesador, y actualmente dentro del microprocesador, o los lenguajes de programación basados en una* metodología orientada a objetos *en los que el trasvase de datos es algo inferior a los no que utilizan dicha metodología.*

La arquitectura de Von Neumann fue adoptada desde los primeros ordenadores comerciales. Los ordenadores UNIVAC fueron directos descendientes de EDVAC mientras que el modelo IBM 701 desciende de los ordenadores que John von Neumann construyese para el Instituto de Estudios Avanzados (IAS) en Princeton, Estados Unidos. Al parecer, los ordenadores del IAS fueron construidos bajo la supervisión de Von Neumann obligando el contrato de construcción a que su diseño fuera compartido dentro de un espíritu Open Source (código abierto) *con otras instituciones y centros de investigación. Surgieron así los primeros* clones *como MANIAC en Los Álamos en Nuevo México, lugar en el que nació la bomba atómica, el ordenador ILLIAC de la Universidad de Illinois, el SILLIAC en Australia…*

Pese al éxito innegable de la arquitectura de Von Neumann esto no significa que no haya sufrido cambios y mejoras desde sus orígenes en 1945. Además, otros diseños lógicos o modelos de com-

>>

putación existen en la actualidad, combinándose incluso varios tipos de arquitectura. La arquitectura Harvard *fue introducida originalmente en el ordenador Harvard Mark I, y separa las instrucciones y los datos en dos memorias distintas con sus correspondientes buses. Una ventaja de la arquitectura Harvard con respecto a la de Von Neumann es que el microprocesador puede leer datos e instrucciones simultáneamente al estar ambos en distintas memorias y utilizar buses separados. Esto redunda en una mayor velocidad de procesamiento a cambio de una mayor complejidad de los circuitos. Esta ventaja es aprovechada por algunas máquinas en las que se requieren programas con pocas instrucciones, y que ocupan por tanto poca memoria. En contraste, unas pocas instrucciones operan con un volumen de datos considerable, que son almacenados en una memoria aparte. Un ejemplo de esta clase de máquinas son los sistemas de reproducción de audio y vídeo y algunos microcontroladores PIC. Asimismo, y aunque ello no afecte al hardware, algunos lenguajes de programación como el LISP, utilizado en inteligencia artificial, representan a las operaciones como árboles y no como una pila de instrucciones en memoria, tal y como se asume que ocurre en la arquitectura de Von Neumann.*

En 1950 se fundó la empresa UNIVAC, influyendo así ENIAC en el nacimiento de la industria moderna de los ordenadores; en 1953 UNIVAC era la única en el mundo que ofrecía ordenadores comerciales. En octubre de 1955 ENIAC fue dado de baja y el *mastodonte* americano que hasta hace poco tiempo ha robado la fama a Colossus, Pilot Model ACE, *Baby* y Ferranti Mark I dejaba de funcionar para siempre.

El éxito inicial de UNIVAC pasaría a ser de otra empresa, IBM, que en unos años se haría con el mercado de ordenadores. IBM era

En la actualidad, los ordenadores utilizan principios y características de ambas clases de arquitectura. Por ejemplo, es habitual que el microprocesador se relacione con la memoria principal de acuerdo con la arquitectura de Von Neumann, mientras que a nivel de microprocesador la memoria caché es organizada de acuerdo a la arquitectura Harvard, separándose la caché de instrucciones de la caché de datos.

En 1952, y gracias a la idea de Turing de que las instrucciones de un programa fueran tratadas numéricamente *de un modo similar a los datos, nacía el primer compilador comercial de la historia, el compilador del lenguaje COBOL. Gracias a los compiladores, la programación de ordenadores puede ser efectuada en un lenguaje próximo al del ser humano. Con un programa traductor, esto es un compilador, el programa escrito por una persona, el código fuente, es traducido a código máquina, es decir a un programa en binario comprensible por el hardware del ordenador. Desde entonces la programación de ordenadores dejó de ser un secreto reservado a científicos, ingenieros, y otros eruditos, para extenderse a toda clase de usuarios.*

heredera de la tecnología de tarjetas perforadas desarrollada por Hollerith. En pocos años los ordenadores se popularizaron en todo el mundo, repartiéndose el mercado mundial entre IBM y los *siete enanitos*. Entre los *enanitos* se encontraban empresas pioneras como Sperry, la propia UNIVAC, Control Data Corporation… entre otras que nacieron de sucesivas alianzas y que fueron creadas a su vez por antiguos empleados de otras empresas del sector. A partir de entonces la industria de los ordenadores, principalmente estadounidense, dominaría el mercado mundial creciendo hasta nuestros días.

¿Fue realmente Colossus el primer ordenador? una polémica abierta

Si consideramos otras corrientes de investigación histórica, y amenizando la discusión actual sobre cuál fue el primer ordenador de la historia, una de las polémicas más interesantes es la que se conoce como *controversia Atanasoff.* Asumiendo que el primer ordenador no fuera un producto de invención británica sino estadounidense, la polémica quedaría entonces reducida a averiguar cuál de estas máquinas fue la primera diseñada y construida en Estados Unidos. Parece ser, según se desprende de documentos hoy ya históricos, que uno de los autores, y por tanto creadores de ENIAC, John William Mauchly, se inspiró para su trabajo en ENIAC en el trabajo previo de John V. Atanasoff, un profesor del Iowa State College que entre 1937 y 1942 había diseñado y construido un ordenador electrónico con la ayuda de un estudiante llamado Clifford Berry.

Este ordenador, al que se llamó ABC como abreviatura de Atanasoff–Berry Computer, contenía varios cientos de válvulas y estaba diseñado específicamente para resolver sistemas de ecuaciones lineales. Según se cuenta en ciertos foros, en una visita al laboratorio de Atanasoff, Mauchly quedó muy impresionado por la complejidad electrónica del ABC, especialmente en lo referente al diseño de un ordenador con circuitos elec-

John Atanasoff posando en 1990 con la medalla Nacional de Tecnología de los EE.UU.

trónicos con válvulas, cosa que había sido posible gracias a los conocimientos de electrónica de Atanasoff. En ellos al parecer se inspiró después Mauchly para el diseño de ENIAC.

No obstante, hoy en día se considera que ENIAC se inspiró en varias fuentes, no sólo en ABC, lo que resolvería en parte esta controversia. Más aún, hay hoy en día quienes consideran que ni ABC, ni Colossus, ni ENIAC fueron los primeros ordenadores. Según esta última opinión el primer ordenador sería Harvard Mark I, desarrollado por Howard H. Aiken y su equipo entre 1939 y 1944 en Estados Unidos y que recibiría también el nombre de ASCC (Automatic Sequence Controlled Calculator). Aiken, inspirado por las ideas del británico Babbage, lo desarrolló en colaboración con IBM. Este ordenador realizaba las operaciones en sistema de numeración decimal y no en binario como los actuales, incluyendo 73 registros de memoria con los que era posible gestionar hasta 23 decimales. La máquina en cuestión era capaz de efectuar sumas en un tercio de segundo y multiplicaciones en seis segundos, estando orientada a la resolución de problemas militares. No obstante, la gran desventaja de este ordenador era que en realidad se trataba de una máquina de cálculo construida a base de engranajes, ruedas y relés en lugar de circuitos electrónicos con válvulas. Por este motivo, cuatro años más tarde, en 1948 IBM sustituyó al ASCC por el SSEC (Selective Sequence Electronic Calculator), que tenía unas 13.500 válvulas y 21.400 relés.

Harvard Mark I, 1944.

Si volvemos la mirada hacia Europa como posible cuna del primer ordenador, entonces ninguno de los tres ordenadores antes mencionados, esto es ENIAC, ABC y Harvard Mark I, serían merecedores de tal mérito. En tal caso, serían los británicos con Colossus los depositarios de este honor, aunque todavía hay una controversia más, y es la que surge ante la opinión de que el primer ordenador fue una invención alemana y no británica. A principios de la década de 1930 un estudiante de ingeniería alemán residente en Berlín llamado Konrad Zuse diseñó una máquina que era capaz de efectuar operaciones en sistema de numeración binario a partir de una serie de relés utilizados como interruptores, esto es, dispositivos con dos estados, *encendido* o 1 y *apagado* o 0, con los que era posible, por ejemplo, sumar 1 + 1 en sistema binario de numeración.

La primera máquina de Zuse, que fue instalada en 1938 en el dormitorio de sus padres, fue bautizada como Z1 siendo el origen de otras de mayor sofisticación como las célebres Z2, Z3 y Z4. Curiosamente Zuse predijo algunos de los principios de los ordenadores digitales y construyó sus máquinas a título individual como un perfecto autodidacta desconociendo lo que se hacia en

El Zuse Z1 construido por Konrad Zuse (a la derecha) en la habitación de sus padres en Berlín.

otros países y, por tanto, los trabajos pioneros sobre arquitectura de ordenadores. Hacia 1941 construyó una máquina automática y de propósito general, programable en una cinta (para lo que utilizaba cintas de película), con la que era posible realizar operaciones aritméticas en sistema binario de numeración, aunque lamentablemente muy lentamente al estar su diseño basado en relés. Por ejemplo, eran necesarios algo más de cinco segundos para resolver una simple multiplicación. Además desarrolló un lenguaje de programación denominado *Plankalkül*. Un amigo que visitó el lugar de trabajo de Zuse le sugirió la utilización de válvulas en lugar de relés, con lo que podría conseguir un ordenador unas 1.000 veces más rápido que el que tenía en aquel momento, por lo que pensó en buscar una subvención pública para desarrollarlo. Sin embargo, la II Guerra Mundial acabó con los sueños de Zuse perdiéndose su trabajo, aunque su figura ha sido reivindicada recientemente, y con ello el papel de Alemania en el desarrollo del ordenador.

En resumen, el ordenador tal y como hoy se concibe nace en la posguerra, concluida la II Guerra Mundial, siendo sus autores los británicos y estadounidenses. Cualquier otra invención fuera de este escenario británico–norteamericano es puramente anecdótica. Y ¿en España? Nuestro país permaneció ajeno, como en otros campos científicos, a la creación del ordenador. Parece ser, según Díaz (2005), que el célebre matemático J. Rey Pastor intentó potenciar la computación, eso sí cuando el ordenador ya estaba *inventado*, creándose el Instituto de Cálculo del CSIC en 1953. Como curiosidad histórica, diez años después, y a un nivel de divulgación, la revista *Ibérica* publicó un artículo (Gelabert, 1963) en el que bajo el título anticipatorio de "Las máquinas para pensar" se hablaba del ENIAC, del IBM 704 y de la utilización de los ordenadores en el estudio de textos bíblicos y demostraciones de geometría. Su lectura denota cómo en aquella época los ordenadores resultaban ajenos a la realidad científica española.

4 El mito de Turing y la manzana (1950-1954)

Una vez en la Universidad de Manchester, el principal cometido de Turing fue el desarrollo de *software*. Sin embargo, y pese a que la programación era su tarea principal, Alan Turing volvió a replantearse algunas cuestiones que ya en su juventud considerase por vez primera en la Universidad de Cambridge. En 1950 vio la luz uno de los trabajos más interesantes e importantes de su carrera. Se trataba de la publicación en la que introdujo una prueba realmente simple pero de gran repercusión, el *test de Turing*, con la que nacería una de las disciplinas científicas más apasionantes del siglo XX: la inteligencia artificial. Al parecer, el filósofo de la ciencia Michael Polanyi animó a Turing a que explorara lo que este último había denominado como *maquinaria inteligente* en un intento de responder a cuestiones tales como ¿podrían los ordenadores jugar al ajedrez?, ¿podría en definitiva una máquina mostrar *inteligencia*?

La posibilidad de diseñar *maquinaria inteligente* –término utilizado por Turing para referirse por aquel entonces a máquinas,

Carta de amor

Darling sweetheart:

You are my avid fellow feeling.
My affection curiously clings to your passionate wish.
My liking yearns to your heart.
You are my wistful sympathy: my tender liking.
Yours beautifully,

M.U.C. (Manchester University Computer)

Querido cariñito:

Eres mi ávido sentimiento amigo.
Mi afecto se asocia extrañamente a tu deseo pasional.
Mi deseo ansia tu corazón.
Eres mi soñadora compasión: mi tierno deseo.
Hermosamente tuyo,

M.U.C. (Ordenador de la Universidad de Manchester)

por ejemplo ordenadores, dotados de inteligencia artificial– le llevó a programar el ordenador MADAM de la Universidad de Manchester para que fuera capaz de escribir una carta de amor. Efectivamente, que nada más y nada menos que el director asociado del *Royal Society Computing Machine Laboratory* perdiera el tiempo en esta clase de experimentos debió llamar la atención de sus colegas y subordinados. Piénsese que la inteligencia artificial no nacería oficialmente hasta 1956, año en el que John McCarthy acuñó tal término durante una conferencia acerca de la simulación del comportamiento humano con ordenador impartida en el Darmouth College, Estados Unidos. El resultado de la experiencia realizada por Turing con MADAM fue que el ordenador escribió la carta de amor, que aquí transcribimos en su versión original y traducida al español por Flavia Bello (Strathern, 1997).

Los resultados de esta clase de experiencias fueron recogidos en un artículo publicado en 1950 bajo el título de "Computing machinery and intelligence". Al parecer la posibilidad de que un ordenador realizase tareas inteligentes, por ejemplo jugase al ajedrez, es una posibilidad que según su biógrafo Andrew Hodges ya había planteado Turing a sus colegas en Bletchley Park. En cierta manera parece probable que Turing pensó que los procedimientos utilizados para descifrar los mensajes alemanes podían emular, salvando las distancias, a algunos aspectos de la intuición humana. Sin embargo, necesidades más perentorias, como ganar la II Guerra Mundial, impidieron a Turing y sus colegas embarcarse en tales experiencias. En cualquier caso, y una vez concluida la contienda, aquel parecía ser un buen momento para explorar científicamente esta clase de ideas. Más aún, en el ambiente científico de la época el trabajo de otros científicos debió animar a Turing a esta nueva aventura. En este sentido, el modelo de cerebro imperante por aquel entonces, resultado de los conocimientos acumulados hasta la fecha en neurofisiología, así como el modelo conductista con el que se trataba de explicar la mente, pudieron influir en las ideas que condujeron a Turing a desarrollar y publicar su célebre *test de Turing*. En particular, Turing pensaba que el cerebro humano era en realidad una *máquina de estados finitos* y, por consiguiente, un *ordenador digital*, lo que efectivamente estaría relacionado con su célebre máquina, la máquina de Turing.

La hipótesis formulada por Turing conjeturaba que el cerebro humano, y en particular el córtex, es una *máquina desorganizada* en el momento del nacimiento de un sujeto, organizándose en una *máquina universal* a través del aprendizaje a medida que el sujeto crece y se desarrolla hasta llegar a la edad adulta. A partir de esta hipótesis Turing introdujo un modelo de *neurona artificial*, denominada *máquina desorganizada de tipo B*, coincidiendo en la época y en el modo de pensar con el modelo de neurona formal de Warren McCulloch y Walter Pitts (1943), uno de los modelos más importantes de neurona en inteligencia artificial (Lahoz–Beltrá, 2004). Efectivamente, Turing se anticipó a lo que hoy en día se conoce como *enfoque conexionista* o *subsimbólico* de la inteligencia artificial, como es el caso de los modelos conocidos como redes neuronales artificiales. Esta clase de modelos son hoy en día ampliamente utilizados en numerosas aplicaciones, ya sea el reconocimiento de letras o números, la identificación de la cara de una persona, o la clasificación de patrones.

Otra de las ideas anticipadas por Turing era la explicación sobre cómo un cierto proceso puede ser llevado a cabo de modo inteligente a partir de un conjunto de tareas u operaciones menores realizadas de modo no inteligente. Por ejemplo, la formación de rutas de pecoreo en las hormigas, desde el hormiguero hasta el lugar de recolección de alimento o cualquier otro recurso, o la formación de bandadas de aves, representan dos ejemplos que ilustran la idea anterior. En la actualidad es frecuente referirse a esta clase de fenómenos como *inteligencia colectiva* o *del enjambre*. Su importancia es tal que en la década de 1980 se desarrollaron espectaculares simulaciones basadas en esta idea en proyectos de vida artificial (Lahoz–Beltrá, 2004), que es la disciplina que estudia el diseño de sistemas artificiales que exhiben propiedades que son características de los seres vivos. Algunos científicos consideran esta disciplina como una disciplina en sí misma, con sus propios objetivos y metodología, mientras que otros la consideran como una rama o extensión dentro del enfoque subsimbólico de la inteligencia artificial.

Turing se adelantaba una vez más a su época, una muestra más de la creatividad de una de las mentes más geniales del siglo XX. En 1951 Turing fue nombrado *Fellow* de la *Royal Society*, una de las sociedades científicas más importantes del mundo. Su nombramiento fue debido principalmente a su trabajo de 1936, en el que introdujo la máquina de Turing.

Ahora bien ¿en qué consiste el test de Turing? Con este nombre se conoce a una prueba en la que se establece como resultado de la prueba si un ordenador, o en su defecto un programa, se comporta o no de modo inteligente. Esto es, adoptando un *enfoque conductista* Alan Turing propuso el siguiente razonamiento: aunque una máquina no es inteligente, su comportamiento sí puede serlo. Por ejemplo, supóngase una máquina diseñada para realizar una tarea en la que un ser humano requeriría su inteligencia, tal es el caso de mantener una conversación, jugar al ajedrez, demostrar un teorema matemático o traducir un texto de una lengua a otra. El test, cuya formulación explicaremos a continuación, evita en todo momento adentrarse en la definición de inteligencia y por consiguiente en la pregunta ¿pueden las máquinas pensar?

La prueba consiste en la realización de la siguiente experiencia. Supóngase que una persona a través de un sistema terminal o cliente, por ejemplo a través de un teclado, pudiera plantear preguntas a un ordenador ubicado en otra habitación recibiendo seguidamente la correspondiente respuesta, por ejemplo en la pantalla de un monitor. Si la persona en cuestión fuera incapaz de distinguir si las respuestas fueron elaboradas por el propio ordenador o por otra persona que maneja dicho ordenador, entonces y de acuerdo con el test de Turing, el ordenador se estaría comportando de un modo inteligente.

En realidad el nombre de *test de Turing* fue acuñado con posterioridad, existiendo hoy en día varias versiones del mismo. En el artículo publicado por Alan Turing en 1950 el test recibió el nombre de *juego de imitación*, inspirándose en un juego inglés de la época victoriana que solía practicarse en fiestas y otras reuniones

La neurona artificial

Alan Turing introdujo una clase de red neuronal artificial a la que llamó máquina desorganizada de tipo B. *La neurona artificial introducida por Turing es representada por un círculo, tal y como es habitual en otros modelos de redes neuronales artificiales en inteligencia artificial, conectándose a otras neuronas vecinas sin ninguna restricción en lo que se refiere al patrón de conexiones. Estas conexiones tienen lugar a través de un elemento representado por una* caja *denominada* modificador de conexión. *Asimismo, Turing introdujo otra clase de red neuronal a la que definió como* máquina desorganizada de tipo A, *que es una red que no puede ser entrenada ya que las conexiones entre neuronas carecen de modificadores de conexión. El* entrenamiento *de una máquina desorganizada de tipo B se basa en que cada modificador de conexión recibe dos líneas o* fibras de entrenamiento *a las que llamaremos como X e Y. Si la fibra X recibe una entrada o* input *0 o 1 entonces este valor de entrada circulará a través de la caja proporcionando una salida u* output *similar, esto es 0 o 1 respectivamente. Ahora bien, si la fibra Y recibe una entrada entonces el modificador de conexión será configurado a un estado o modo de interrupción por el que, independientemente del valor de entrada o* input, *la salida o* output *será siempre 1. Mediante un procedimiento descrito por Turing, y denominado* interferencia de entrenamiento, *la red neuronal es entrenada por medio de cambios apropiados en los modificadores de conexión.*

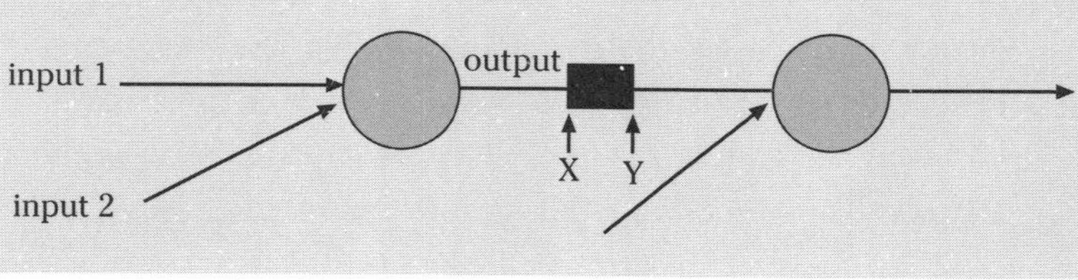

Considérese la neurona artificial con dos entradas, INPUT 1 e INPUT 2. El ejemplo más simple de red neuronal de Turing es aquel en el que se asume que las neuronas del circuito proporcionan como OUTPUT el resultado del operador booleano NAND (puerta AND cuya salida se conecta a una puerta inversora o NOT).

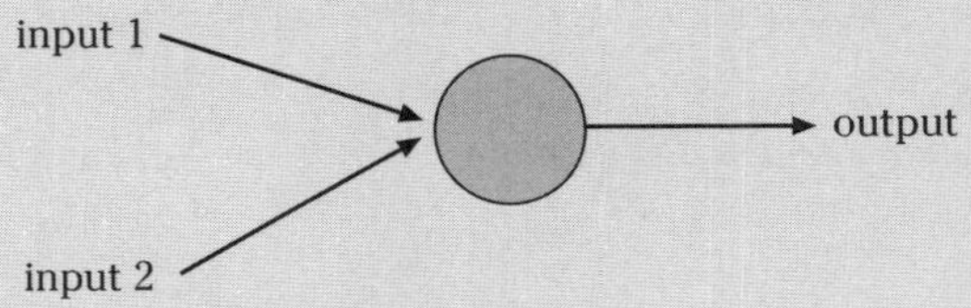

INPUT 1	*INPUT 2*	*OUTPUT*
0	0	1
0	1	1
1	0	1
1	1	0

El modelo de neurona artificial de Turing difiere del de McCulloch–Pitts (1943) en que en este último el OUTPUT es calculado sustituyendo el modificador de conexión por el valor de un coeficiente o peso *que representaremos por w, simulando con este valor la facilidad o dificultad con la que las señales atraviesan la sinapsis entre dos neuronas. El primer cómputo realizado por la neurona formal de McCulloch–Pitts es la suma ponderada o valor* net *de las señales de entrada o* input. *Por consiguiente, tendremos que para i señales de entrada o $INPUT_i$ con coeficientes respectivos w_i el valor suma calculado por la neurona será igual a:*

>>

$$net = \sum_i w_i \; INPUT_i$$

A continuación la neurona formal, inspirándose en las neuronas reales, deberá decidir si el valor calculado o valor net, *esto es, si el valor de la información recibida, es o no suficiente para promocionar su transición desde un estado de reposo a otro activo. En el caso más elemental de neurona formal el valor de OUTPUT es obtenido a partir de una función conocida con el nombre de* función de activación escalón, *tal que:*

$$\text{OUTPUT} = \begin{cases} 1 & net \geq \theta \\ 0 & net < \theta \end{cases}$$

siendo θ el valor umbral, que será fijado previamente.

Resulta curioso observar que tanto Turing como McCulloch–Pitts consideran a la neurona como un autómata con dos estados, uno activo o 1 y otro 0 o de reposo. Lamentablemente no fue hasta 1954, precisamente el año del fallecimiento de Turing, cuando Farley y Clark realizaron el primer experimento de simulación de una red neuronal artificial en ordenador.

sociales de la época. En su versión original, el juego de imitación consistía en que en una fiesta un hombre y una mujer entraban en dos habitaciones diferentes sin que un tercer sujeto, el llamado interlocutor, supiera en cuál de las dos habitaciones se encontraba el hombre y en cuál la mujer. A través de un sistema de preguntas y respuestas (según Turing a través de un teclado o si se prefiere, hoy en día, a través de un sistema de *chat*) el interlocutor debe averiguar en qué habitación se encuentra el hombre y en cuál la mujer. Con objeto de dificultar el juego el hombre intentará convencer al interlocutor de que él es la mujer y la mujer tratará en todo momento de comunicar su verdadera identidad.

Pues bien, a este juego Turing añadía la siguiente variante. Supóngase que en un cierto momento del juego el hombre es sustituido por una máquina. Si el interlocutor es incapaz de distinguir la máquina de la mujer entonces se dice que la máquina ha pasado el test y, por tanto, se comporta de un modo *inteligente*. Por el contrario, y este es un punto que habitualmente es mal comprendido, si la máquina no pasa el test, entonces *no concluiremos nada*.

El test de Turing fue originalmente formulado para una experiencia consistente en una conversación entre una persona y una máquina ocultando a la persona durante la conversación cualquier información gestual, por lo que la comunicación se limita a un proceso que tiene lugar únicamente a través de un teclado o un teletipo. Como no podía ser de otra manera el test de Turing ha recibido numerosas críticas y ha planteado interesantes controversias desde que dicha prueba fuera conocida por la comunidad científica. Por ejemplo, Pfeifer y Scheier (1999) sugieren que en una experiencia de esta clase, por ejemplo en una conversación entre un ordenador y una persona, el ordenador únicamente manipula símbolos sin conocer su significado. Esto significa que el ordenador *no piensa,* procesando los símbolos a nivel sintáctico pero no semántico. A este problema suele acompañarle otro, el llamado *problema del marco de referencia*, pues el test de Turing establece que un ordenador se comporta o no de modo inteligente teniendo en cuenta tan sólo si el resultado o *output* es inteligente. Esto es, el test en cuestión concluye que la máquina *es*, o más exactamente *se comporta* de modo inteligente, si efectivamente su comportamiento u *output* lo es. Al resultado suele asociársele la conclusión de que dado que su comportamiento es complejo entonces la máquina en cuestión tendrá cierta complejidad interna, aunque tal complejidad no exista. Es decir, no podemos concluir por el comportamiento de una máquina su complejidad interna.

Efectivamente, todas estas críticas son a su vez objeto de otras, siendo tal vez éste uno de los méritos principales del test de Turing: provocar el debate sobre cuestiones fundamentales aún sin resolver no sólo en inteligencia artificial sino también en otras disciplinas. Una de las objeciones más populares a esta prueba es el llamado *cuarto* chino (Searle, 1980). Supóngase que una persona que habla sólo español (o inglés en la versión original de Searle) y no conoce el chino está dentro de una habitación. La persona dispone de un conjunto de reglas con las que un texto en chino puede ser procesado, esto es sus símbolos pueden ser manipulados de un modo similar a cómo lo haría un ordenador. El sujeto en cuestión, que ni habla, lee o entiende el chino recibe, por ejemplo a través de una ventana, una pregunta escrita en esta lengua. Si esta persona aplica el conjunto de reglas a la pregunta recibida, obtendrá automáticamente una respuesta, también en chino, a la pregunta planteada. A continuación, devolverá la respuesta al sujeto que esté fuera de la habitación a través de la ventana. Searle argumenta que si el conjunto de reglas está bien formulado la prueba del *cuarto chino* pasará con éxito el test de Turing.

A estas objeciones se añaden otras, incluso algunas bastante curiosas. Por ejemplo, la llamada *objeción teológica* establece que pensar es una facultad del alma inmortal humana y por consiguiente una máquina carece de esta facultad. A esta objeción Turing replica que no ve razón alguna para que dios, si lo desea, pueda en un momento dado dotar de alma a un ordenador. Otra objeción también célebre es la conocida como *objeción de lady Lovelace*. Aunque Ada Lovelace no fuera coetánea de Turing, afirmaba que los ordenadores son incapaces de originalidad. A esta objeción Turing contesta que los ordenadores son capaces de sorprendernos especialmente en aquellas situaciones en las que los efectos de un conjunto de hechos no son evaluados de modo inmediato. Un ejemplo muy ilustrativo de la réplica de Turing son las llamadas propiedades emergentes en experimentos de simulación en vida artificial. Esto es, la observación de comportamientos no codificados en un programa de ordenador. Entre otras muchas objeciones también se encuentra la *objeción matemática* en la que a través del teorema de incompletitud de Gödel se demuestra que hay límites a las preguntas que un ordenador puede responder. Todas estas críticas son contestadas, una tras otra por Turing. Su test debe ser considerado tan sólo como una definición operacional de inteligencia. A día de hoy, y si un ordenador supera dicha prueba, no podemos concluir que el ordenador exhiba consciencia o intencionalidad alguna, cualidades que hasta la fecha, y sin entrar en otras consideraciones o polémicas, son propias de las personas y no de las máquinas.

Una de las cuestiones más curiosas es que Turing estimó que hacia el año 2000 los ordenadores pasarían el test de Turing. La prueba propuesta por Turing, popularizada por la novela, y más tarde película, de Arthur C. Clarke *2001: Una odisea en el espacio* dio lugar en 1991 a un premio, el premio Loebner, para aquel programa capaz de pasarla con éxito. Sin ganadores hasta la fecha, muchas han sido y siguen siendo las experiencias al respecto. En 2003 una partida de ajedrez entre Gary Kasparov y el programa de este juego, X3D Fritz, estuvo en una ocasión a punto de pasar el test de Turing. Pero, tal vez, uno de los ejemplos clásicos sea el siguiente. En 1966 un científico del prestigioso Massachusetts Institute of Technology (MIT) llamado Joseph Weizenbaum escribió un programa de ordenador al que llamó ELIZA en homenaje al personaje femenino de la película *My Fair Lady*. El programa en cuestión, del que desde entonces han surgido numerosas secuelas, es capaz de mantener una conversación con una persona simulando el estilo de diálogo característico entre un psicoterapeuta y un paciente durante una sesión de psicoanálisis. A este programa le siguieron otros también célebres, por ejemplo PARRY

(Colby, 1981; Colby et al., 1971, 1972), un programa que simula a un paciente esquizofrénico paranoico, o numerosos programas capaces de mantener una conversación en lenguaje natural y a los que se conoce en el argot de internet como *chatterbots*.

En resumen, Alan Turing puede ser considerado como uno de los primeros científicos que planteó una serie de cuestiones fundamentales en inteligencia artificial. Con sus experimentos en los que una persona y una máquina conversan, y que le sirvieron para introducir su famoso test, Turing introdujo las bases de uno de los enfoques o tendencias de la inteligencia artificial, el *enfoque simbólico,* en el que esta disciplina ha tenido numerosos éxitos. Por ejemplo los llamados *sistemas expertos*, esto es, programas de ordenador capaces de simular el razonamiento de un experto, por ejemplo un médico, un taxónomo, o un mecánico de coches, a partir del procesamiento de cadenas de símbolos. Además, Turing colaboró en el desarrollo del otro enfoque, también de éxito, de la inteligencia artificial, el *enfoque subsimbólico* o *conexionista,* en el que surgen modelos como las *redes neuronales artificiales* con los que es posible simular aspectos relacionados con la inteligencia tales como el aprendizaje o la memoria. En la actualidad las redes neuronales artificiales han encontrado numerosas aplicaciones, especialmente en lo que se refiere al reconocimiento y clasificación de patrones. En otras palabras, Alan Turing dio los primeros pasos y ayudó a sentar las bases de los dos enfoques en los que hoy en día se articula la inteligencia artificial, una prueba más de su genialidad.

En 1953 Alan Turing impartió en la Universidad de Manchester clases de una asignatura llamada *teoría de la computación*. Desde un año antes, 1952, hasta su muerte en 1954 trabajaría en *biología matemática* o *biomatemática*. Por consiguiente, fue uno de los primeros investigadores que aplicó el ordenador al tratamiento de un problema biológico, y que realizó experimentos de *simulación* en biología. Turing trabajó sobre la morfogénesis y en la aplicación de los números de Fibonacci en estructuras de plantas. La serie de Fibonacci 0, 1, 1, 2, 3, 5, 8, 13, 21, 34, 55, 89, ..., se obtiene asignando 0 al primer término, 1 al segundo, obteniéndose los restantes términos de la serie a partir de la suma de los dos términos precedentes. En el caso particular de las plantas hay numerosas estructuras que se ajustan a los términos de esta serie. Por ejemplo, la disposición de las hojas en una planta o el número de pétalos representan dos ejemplos clásicos donde se obtienen dichos términos.

Durante esta época Turing utilizó el ordenador Ferranti Mark I de la Universidad de Manchester para simular el mecanismo químico por el que los genes de un cigoto determinan la estructura anatómica de un animal o planta resultante. Lo realmente genial de Turing es que estos estudios pioneros sobre morfogénesis los llegó a relacionar con su trabajo sobre redes neuronales artificiales, considerando a ambos proyectos como en absoluto desconectados. Según Turing, la estructura del cerebro, refiriéndose probablemente a los circuitos neuronales, debería ser el resultado de un mecanismo genético que controlase su desarrollo. Durante este periodo, ya al final de su vida, desarrolló un modelo sobre la morfogénesis, modelo que aún hoy en día se encuentra de plena actualidad.

Uno de los problemas clásicos de la *morfogénesis*, esto es, del estudio del desarrollo de las formas complejas y patrones presentes en los seres vivos, consiste en explicar cómo los patrones de diferentes animales, ya sean mamíferos, conchas o peces, se forman resultando en un patrón estable. En 1952 Alan Turing publicó un artículo titulado "The chemical basis of morphogenesis" en el que propuso la hipótesis de que la formación de patrones, por ejemplo de manchas y bandas en la piel de los vertebrados, tendría lugar por procesos de reacción–difusión. De acuerdo con la *hipótesis de Turing*, en un tejido en estado embrionario las células pigmentadas producirían dos especies moleculares llamadas morfogén. Las moléculas de morfogén reaccionarían entre sí, difundiéndose a continuación en el espacio intercelular, resultando un patrón de concentraciones que induciría la diferenciación de células pigmentadas, y en consecuencia un patrón de células análogo al de concentraciones. En el modelo de Turing la producción, difusión y decaimiento de morfogén está modelado por la siguiente ecuación diferencial en derivadas parciales:

$$\frac{\partial M_A}{\partial t} = f(M_A, M_I) + D_A \nabla^2 M_A$$

$$\frac{\partial M_I}{\partial t} = g(M_A, M_I) + D_I \nabla^2 M_I$$

Por consiguiente, y de acuerdo con tales ecuaciones, la variación temporal de las concentraciones de dos especies químicas, denominadas por Turing como morfogenes (M_A es el morfogén activador y M_I el morfogén inhibidor), ambas difusibles pero a diferentes tasas (D_A y D_I, siendo distintas de cero) pueden dar lugar a patrones en un tejido (agrupación de células, por ejemplo bandas en la piel de una cebra) como resultado de su reacción de acuerdo con las funciones no lineales *f* y *g*. En el modelo de Turing, el morfogén activador promueve su propia producción y la de morfogén inhibidor mientras que el morfogén inhibidor inhibe tanto su producción como la del morfogén activador. Aunque ambas especies moleculares son difusibles, la difusión del morfogén inhibidor es mayor que la experimentada por el morfogén activador, siendo esta diferencia en la difusión responsable de lo que se conoce como mecanismo de inhibición lateral.

Fue precisamente en esta época cuando la vida de Alan Turing concluyó repentinamente naciendo así uno de los mitos más célebres de la historia de la ciencia: el *mito de Turing y la manzana*. Su trabajo se vio bruscamente interrumpido, dejando multitud de notas manuscritas y programas de ordenador escritos a mano. Parece ser que aún hoy en día hay una parte de este material cuyo significado no ha llegado a comprenderse en su totalidad.

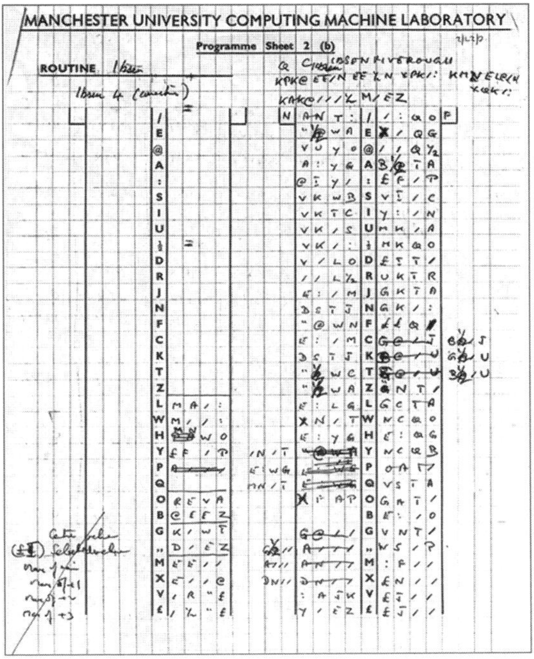

Programa escrito a mano por el propio Turing como parte de su estudio sobre el desarrollo de la piña de las coníferas. Es uno de los últimos programas que escribió.

El declive y final trágico de una mente genial ¿qué ocurrió el 7 de junio de 1954?

En febrero de 1952 Alan Turing fue detenido, y llevado a juicio el 31 de marzo de ese mismo año, al llegar a oídos de la policía su relación homosexual con un hombre joven de 19 años llamado Arnold Murray. Al parecer, y según su biógrafo Paul Strathern, Alan Turing dejó solo a Arnold en su casa de Wilmslow, en el condado de Cheshire, durante un fin de semana. Al volver, descubrió que éste le había robado algunas pertenencias, que tenían más valor sentimental que económico. Molesto por este incidente Turing denunció el hecho a la policía, lo que dio pie a que el detective encargado del caso descubriera durante la investigación la relación homosexual entre Turing y Murray.

Aunque en aquellos años la homosexualidad era un delito en Reino Unido, siendo ilegal en Inglaterra y Gales hasta 1967, la prensa no dio más importancia al caso excepto una edición del periódico *News of the World* en la que se publicó el titular "El acusado tenía un gran cerebro". En cualquier caso, para la policía tuvo más interés el asunto de la homosexualidad de Turing que el del robo, ya que éste era en realidad de poca monta. Como hasta entonces había sido habitual en él, Turing aceptó y confirmó su homosexualidad con total naturalidad, sugiriendo que no había nada malo en todo ello.

Alan Turing fue condenado pero, dado su prestigio, pudo cambiar la prisión por un tratamiento en el que durante un año recibió inyecciones de hormonas, en particular estrógenos. Con este tratamiento se pretendía anular la libido y por tanto corregir su tendencia homosexual, aunque el resultado fuese otro muy distinto ya que le causó el desarrollo de las glándulas mamarias y cierta depresión. En marzo de 1954 Turing escribió una de sus últimas tarjetas postales, dirigida en esta ocasión a Robin Gandy, con el encabezamiento "Messages from the Unseen World" ("Mensajes desde el mundo invisible"). Curiosamente, y pese a su situación, de su lectura se deduce un Turing en un momento de gran creatividad científica, ya que

La casa situada en Wilmslow donde Turing vivió los últimos años de su vida y donde se suicidó en 1954.

al parecer en su cabeza se iniciaba un nuevo proyecto, esta vez sobre lo que él denominaba una *nueva mecánica cuántica*. Pero el proyecto, pese a su entusiasmo, no llegó a rendir resultado alguno.

El 8 de junio de 1954 su asistenta encontró el cuerpo yaciente de Turing. Al parecer, su muerte a la temprana edad de 41 años, próxima a la fecha de su cumpleaños, le sobrevino la víspera, el día 7 de junio, por envenenamiento. Turing había ingerido por la noche parte de una manzana, el resto de la cual fue encontrada al lado de su cama, comprobándose que había sido envenenada con cianuro potásico.

Placa que recuerda a Turing a la entrada de la casa de Wilmslow.

Sara Turing, su madre, no creyó jamás en el suicidio de su hijo sino en un accidente, ya que Turing tenía la costumbre de guardar los productos químicos, incluidos aquellos venenosos, en recipientes sin etiquetar, incluidas tazas de té y azucareros. Según ella el envenenamiento habría ocurrido al ingerir cianuro accidentalmente depositado sobre sus dedos como resultado de unos experimentos de química sobre electrolisis realizados por el propio Turing. Otra interpretación, tal vez un tanto barroca, es la que explica su envenenamiento accidental a través de una manzana casualmente contaminada de cianuro cuando realizaba experimentos para desarrollar una sustancia no tóxica para limpiar lavabos. Sea como fuere, el veredicto o conclusión oficial de su muerte fue el de suicidio por envenenamiento.

Nacía así el mito de Turing y la manzana. Parece razonable pensar que debido al tratamiento hormonal, debió padecer una depresión que fuera la que le condujese al suicidio, de hecho, no era la primera vez que Turing sufría depresiones. Ya las había padecido entre 1936 y 1938 durante su estancia en la Universidad de Princeton en Estados Unidos. El exceso de trabajo, la soledad, un incidente relacionado con su homosexualidad, y la ausencia de su novio, un británico de Cambridge que trabajaba en calidad de director de un colegio en Walsall, pudieron ser los factores que le llevaron a la depresión.

En 1938, cuando regresó de Princeton a Cambridge había asistido –según su biógrafo Strathern– al estreno en el cine local de la película *Blancanieves y los siete enanitos*. Al parecer Turing mostró un extraño entusiasmo con la escena en la que la bruja envenena una manzana al sumergirla en un puchero con un líquido hirviendo, presumiblemente veneno ¿se inspiraría el suicidio de Turing en una película infantil vista años atrás, probablemente bajo los efectos aún de una depresión?

Sea como fuere, su madre y algunos de sus amigos jamás creyeron el veredicto de suicidio. De hecho su madre publicó un libro en 1959 sobre la vida de

Logotipo de los ordenadores Apple ¿un homenaje a Turing? Se discute si la manzana envenenada causante de la muerte de Turing y su homosexualidad, representada hoy en día por una bandera multicolor, fueron fuente de inspiración del logotipo de la empresa de ordenadores Apple. Lo cierto es que no parece que Regis McKenna, que ayudó a diseñar el logo de Apple, se inspirara en la historia de Turing. Más bien, la fuente de inspiración parece ser otra. Al parecer, Steve Jobs, fundador de la empresa Apple, trabajó en un huerto de manzanas en el verano de 1975 o 76, lo que pudo servirle como inspiración. Además, el logotipo de Apple fue diseñado en 1976, dos años antes de que Gilbert Baker eligiera el arco iris o la bandera multicolor como símbolo del orgullo homosexual. Cierto o no, la polémica existe y con cierta frecuencia puede seguirse en internet.

Alan, tal vez en un último esfuerzo para superar el dolor causado por la pérdida de su hijo. A raíz de su pérdida, la madre de Turing estableció el premio Alan Turing para las Ciencias, otorgado anualmente en Sherborne School, creándose además un edificio con la denominación Laboratorios Alan Turing. Más aún, desde 1966 la Asociación de Máquinas para la Computación (ACM), convoca

Estatua de Alan Turing en el parque Sackville de Manchester.

anualmente el prestigioso premio Turing para investigadores, el equivalente al premio Nobel de la computación.

En 1989 el artista Wayne Chabre diseñó la escultura que se encuentra situada en el Deschutes Hall de la Universidad de Oregón, Estados Unidos. En un número de la revista *Time* publicado en marzo de 1999, Alan Turing fue seleccionado en una lista de las veinte personas más influyentes del siglo XX. Un grupo musical de Bristol (Reino Unido) llamado SkyScraper ha dedicado a Turing una canción titulada *Song for Alan Turing* y la portada del disco. El 23 de junio de 2001 una estatua, que le representa sentado en un banco, fue erigida en el parque Sackville de Manchester, ubicado entre la universidad y la calle Canal, centro del barrio homosexual de Manchester. El 7 de junio de 2004 una placa conmemorativa fue colocada en su casa de Wilmslow, y en mayo de ese mismo año el Instituto Alan Turing fue creado en la Universidad de Manchester.

Hubo un tiempo...

Bibliografía

Sobre la vida personal y sentimental de Alan Turing las biografías de Andrew Hodges –en su edición británica (1992) y norteamericana (2000)– y Paul Strathern (1997) aportan suficientes datos, incluidos numerosos aspectos del perfil psicológico del personaje. En este libro, muchos de los datos biográficos, especialmente aquellos de carácter personal y sentimental, proceden de las biografías de Hodges y Strathern así como de varios artículos publicados en internet. En relación con estos últimos, los datos procedentes de los siguientes artículos fueron cotejados entre sí con el fin de evitar la utilización de datos erróneos: O'Connor y Robertson (2003) de la Universidad de St. Andrews, Escocia; Copeland (2000) y Answers.com (2005). Una de las fuentes más fidedignas en internet es la biografía abreviada de Andrew Hodges (1995) donde se recoge su vida en ocho secciones que corresponden al libro publicado por Hodges y a un artículo publicado en 1995 por este biógrafo en el *British Dictionary of National Biography*. Asimismo, cierta información de carácter técnico, por ejemplo sobre Colossus, *bombe*, ENIGMA, ACE, ENIAC, ABC..., así como ciertos documentos y otro material gráfico y documental, proceden de internet. Una de las fuentes más utilizadas ha sido la enciclopedia libre www.wikipedia.org. Aunque hay una versión en lengua española (http://es.wikipedia.org/wiki/Portada) el material utilizado para elaborar esta biografía procede en su totalidad de la versión en lengua inglesa (http:// en.wikipedia.org/wiki/Main_Page). Omitimos muchas otras fuentes relacionadas con estos temas por simplificación y porque al lector interesado no le resultará difícil encontrarlas.

Answers.com. 2005. Alan Turing, en: http://www.answers.com /topic/alan–turing

Copeland, B. J. 2000. AlanTuring.net. Reference Articles. Biography of Turing, en: http://www.alanturing.net

Hodges, A. 1992. *Alan Turing: the Enigma*. Vintage, Random House, London.

Hodges, A. 1995. Alan Turing: a short biography, en: http://www.turing.org.uk/turing/

Hodges, A. 2000. *Alan Turing: the Enigma*. Walker. New York.

O'Connor, J. J., Robertson, E. F. 2003. Alan Mathison Turing, en http://www-history.mcs.st-andrews.ac.uk/Mathematicians/Turing.html

Strathern, P. 1997. *Turing & the Computer*. Arrow Books (*Turing y el ordenador*. 1999. Siglo XXI de España Editores).

A continuación se recoge la bibliografía correspondiente a las publicaciones citadas a lo largo de los distintos capítulos de esta obra.

CAPITULO 1

Bunimovich, L. A y Troubetzkoy, S. 1992. Recurrence properties of Lorentz lattice gas cellular automata. *Journal of Statistical Physics* 67: 289–302.

Church, A. 1936. An unsolvable problem of elementary number theory. *American Journal of Mathematics* 58: 345–363.

Hameroff, S. R. Dayhoff, J. E., Lahoz–Beltrá, R., Samsonovich, A., Rasmussen, S. 1992. Models for Molecular Computation: conformational automata in the cytoskeleton. *IEEE Computer* (Special issue on molecular computing) 25: 30–39.

Hameroff, S. R. 1994. Quantum coherence in microtubules: a neural basis for emergent consciousness? *Journal of Consciousness Studies* 1: 98–118.

Lahoz–Beltrá, R. 2004. *Bioinformática. Simulación, Vida Artificial e Inteligencia Artificial*. Ediciones Díaz de Santos. (véase http://bioinformatica.net).

Langton, C. 1986. Studying Artificial Life with cellular automata. *Physica* D 22: 120–149.

Penrose, R. 1989. *The Emperor's New Mind*. OUP, Oxford.

Penrose, R. 1994. *Shadows of the Mind*. OUP, Oxford.

Poundstone, W. 1985. *The Recursive Universe. Cosmic Complexity and the Limits of Scientific Knowledge*. Contemporary Books.

Propp, J. 1994. Further ant–ics. *Mathematical Intelligencer* 16: 37–42.

Robinson, M. B., Hamshar, J. A., Novillo, J. E., Duchowski, A. T. 1999. A Java–based tool for reasoning about models of computation through simulating finite automata and Turing machines. *30th Annual ACM SIGCSE Symposium* (Special Interest Group on Computer Science Education), New Orleans, Louisiana, March 24–28.

Turing, A. 1936. On computable numbers, with an application to the Entscheidungsproblem. *Proceedings of the London Mathematical Society* 42 Series 2: 230–265.

CAPITULO 2

Davies, D. 1999. The Bombe – a remarkable logic machine. *Cryptologia* 23(2): 108–138.

Davies, D. 1999. Effectiveness of the diagonal board. *Cryptologia* 23(3): 229–239.

Davies, D. 1995. The Lorenz cipher machine SZ42. *Cryptologia* 19(1): 39–61.

Erskine, R. 1988. Tunny decrypts. *Cryptologia* 12(1): 59–61.

Flowers, T. H. 1983. The design of Colossus. *Annals of the H. of Computing* 5(3): 239–252.

Good, I. J. 1979. Early work on computers at Bletchley. *Annals of the H. of Computing* 1 (1): 38–48.

Hamer, D. 1997. Enigma: Actions involved in the 'double–stepping' of the middle rotor. *Cryptologia* 21(1): 47–50.

Hamer, D., Sullivan, G., Weierud, F. 1998. Enigma variations: An extended family of machines. *Cryptologia* 22(3): 211–229.

Randall, B. 1977. *Colossus: Godfather of the Computer* (reimpreso en *The Origins of Digital Computers*. 1982. Springer, New York).

Sale, T. 2004. *The Colossus computer 1943–1996: How it helped to break the german Lorenz cipher in WWII.* M.&M. Baldwin.

CAPITULO 3

Aspray, W. 1990. *John von Neumann and the Origins of Modern Computing.* The MIT Press.

Atanasoff, J. V. 1984. The advent of electronic digital computing. *Annals of the H. of Computing* 6(3): 229–282.

Burks, A. W., Burks, A. R. 1981. The ENIAC: The first general–purpose electronic computer. *Annals of the H. of Computing* 3(4): 310–389.

Copeland, B. J. 2000. A brief history of computing. AlanTuring.net. Reference Articles. http://www.cs.usfca.edu/www.AlanTuring.net/turing_archive/pages/Reference%20Articles/BriefHistofComp.html

Díaz, J. I. 2005. John von Neumann: de la matemática pura a la matemática aplicada. *Bol. Soc. Esp. Mat. Apl.* 32: 149–169.

Gelabert, J. 1963. Las máquinas para pensar. Ibérica. *Actualidades Científicas* 9: 95–98.

Hayes, H. P. 1988. *Computer architecture and organization.* McGraw–Hill Publishing Company.

Kilburn, T. 1949. The university of Manchester universal high–speed digital computing machine. *Nature* 164: 684.

McCartney, S. 1999. *ENIAC: The triumphs and tragedies of the world's first computer.* Walker & Company.

Newman, M. H. A. 1948. General principles of the design of all–purpose computing machines. *Proceedings of the Royal Society of London*, series A, 195: 271–274.

Stern, N. 1981. *From ENIAC to Univac: An appraisal of the Eckert–Mauchly Computers*. Digital Press.

Williams, F. C. 1975. Early computers at Manchester University. *The Radio and Electronic Engineer* 45: 237–331.

CAPITULO 4

Colby, K.M. 1981. Modeling a paranoid mind. *Behavioural and Brain Sciences* 4(4): 515–560.

Colby, K. M., Hilf, F. D., Weber, S., Kraemer, H. C. 1972. Turing–like indistinguishability tests for the validation of a computer simulation of paranoid processes. *Artificial Intelligence* 3: 199–221.

Colby, K. M., Weber, S., Hilf, F. D. 1971. Artificial paranoia. *Artificial Intelligence* 2: 1–25.

Lahoz–Beltrá, R. 2004. *Bioinformática. Simulación, Vida Artificial e Inteligencia Artificial.* Ediciones Díaz de Santos. (véase http://bioinformatica.net).

Pfeifer , R. Scheier, C. 1999. *Understanding Intelligence*. MIT Press.

Searle, J. R. 1980. Minds, brains and programs. *Behavioural and Brain Sciences* 3: 417–424.

Turing, A. 1950. Computing machinery and intelligence. *Mind* 59: 433–460.

Turing, A. 1952. The chemical basis of morphogenesis. *Philosophical Transations* B. 237: 37–72.

Turing, E.S. 1959. *Alan M. Turing*. Heffer & Sons, Cambridge.

Weizenbaum, J. 1966. ELIZA – A computer program for the study of natural language communication between man and machine. *Communications of the ACM* 9(1): 36–45.